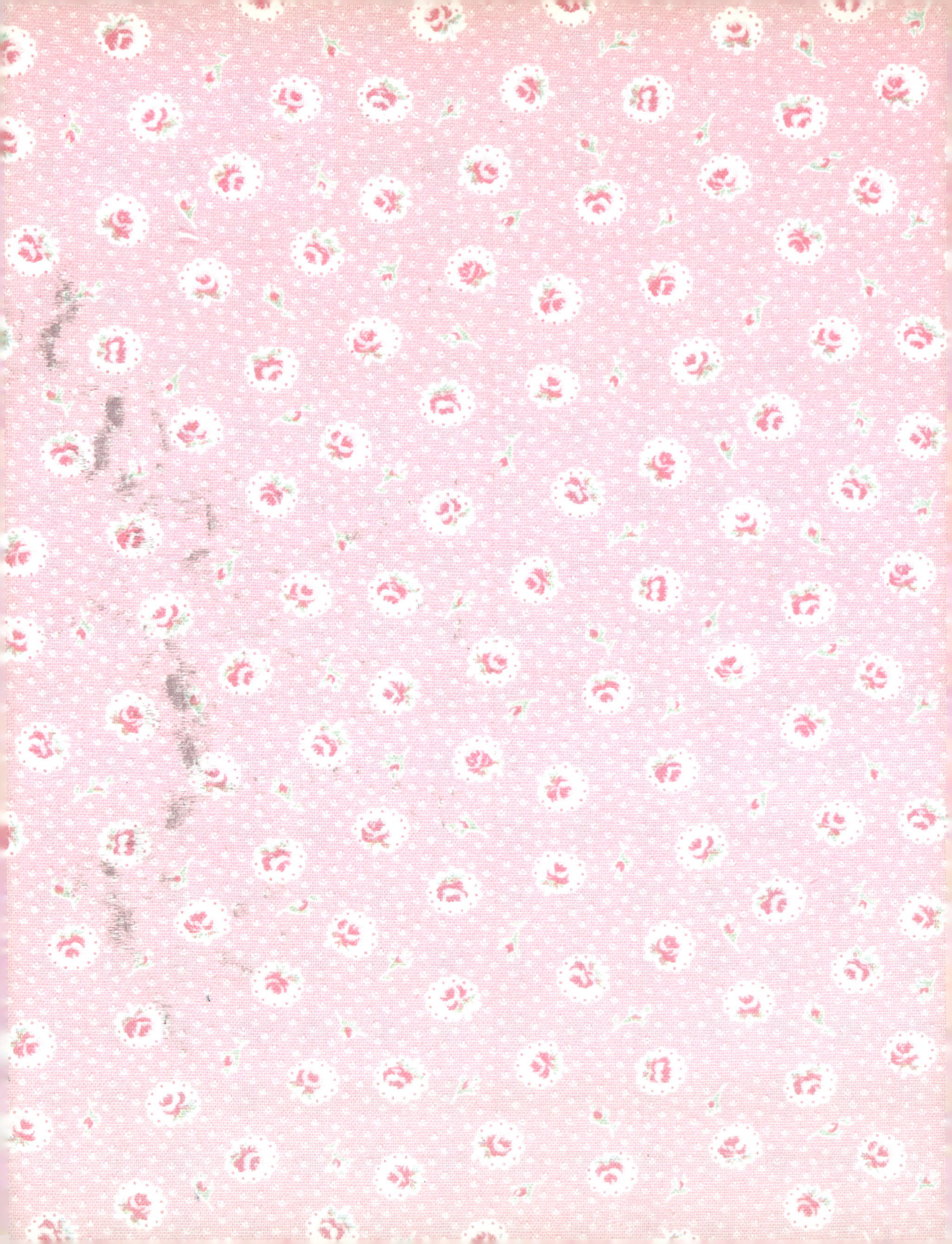

아이를 크게 만드는

엄마의
근본 있는 밥상

아이를 크게 만드는
엄마의 근본 있는 밥상

2015년 6월 10일 1판 1쇄 인쇄
2015년 6월 15일 1판 1쇄 발행

지은이 | 장소영
발행인 | 최한숙
펴낸곳 | BM 성안북스
주소 | 121-838 서울시 마포구 양화로 127 첨단빌딩 5층(출판기획 R&D 센터)
　　　413-120 경기도 파주시 문발로 112(제작 및 물류)
전화 | 02)3142-0036 , 031)950-6300
팩스 | 031)955-0510
등록 | 1978.9.18 제406-1978-000001호
출판사 홈페이지 | www.cyber.co.kr
이메일 문의 | heeheeda@naver.com
ISBN | 978-89-7067-286-1 (13590)
정가 | 14,800원

이 책을 만든 사람들
책임 | 전희경
편집 진행 | 소풍
교정교열 | 전남희
사진 | 선우형준(season2)
스타일링 | 김정아
요리어시스트 | 장선희, 장성민
일러스트 | 김아영
본문 디자인 | 바이차이
표지 디자인 | 바이차이
홍보 | 전지혜
마케팅 | 구본철, 차정욱, 나진호, 이동후, 강호묵
제작 | 김유석

※ 잘못된 책은 바꾸어 드립니다.

아이를 크게 만드는

엄마의
근본 있는 밥상

장소영 지음

BM 성안북스

전통 음식의 특징 중 약식동원(藥食同源)이란 말이 있습니다. 먹는 것과 약은 근본이 같다 이야기지요. 식품 영양을 전공하고 전통 음식을 공부한 저는 이 말에 100% 공감합니다.

근래에는 친환경에 대한 관심도가 높아지면서 우리 가정 속에서도 많은 엄마들이 친환경적인 생활을 하려고 노력하는 것을 볼 수 있습니다. 특히, 먹을거리에 대한 높은 관심으로 우리의 밥상에 많은 변화가 불어오고 있습니다. 이왕이면 더 건강하게 좋은 식재료를 구입하고, 인스턴트 음식은 멀리하고, 천연 조미료 등 가급적 집에서 만들어 먹으려는 노력들을 많이 하고 있습니다.

먹을거리는 신체적 건강뿐 아니라 정서적인 면에서도 매우 긴밀한 연관이 있습니다. 손쉬운 인스턴트 음식과 시판되는 달콤한 간식류들은 입에는 맞을지 모르나, 우리 아이들의 신체적인 건강과 정신적인 건강까지는 책임지지 못합니다. 아니, 오히려 안 좋게 하는 경우가 대부분입니다.

이 책은 두 아이를 키우면서 우리 아이들의 먹을거리가 얼마나 중요한지 실감하고 여러 시행착오를 거치면서 얻어낸 저의 '살아 있는' 결과물입니다.

먹을거리에 대한 일을 전문적으로 하는 저도 한때는 일을 한다는 핑계로 우리 집 냉장고를 인스턴트 식품들로 채워가고, 외식도 잦았던 적이 있습니다. 그 결과는 아이들의 몸으로 서서히 나타났습니다. 두 아이들은 감기에 자주 걸렸고, 신경질적이 되었으며, 특히 큰아이의 경우 아토피가 심해져 매일 주사를 맞고 약물 치료를 해야 할 정도로 고생을 하게 되었습니다. 그 후 저는 우리 가족의 식생활을 바꾸어야겠다는 결심을 했습니다.

먼저 외식과 인스턴트 음식을 줄이고 최대한 집에서 밥을 먹는 것을 최우선으로 했습니다. 밥은 발아 현미로 바꾸고, 가능한 한 된장국과 나물류 등 전통 식단으로 변화를 주었더니 서서히 아이들에게 변화가 찾아왔습니다. 감기도 거뜬히 넘게 되었고, 성격도 밝아지고, 무엇보다도 큰아이의 아토피가 사라졌습니다.

이 경험은 우리가 살아가는 데 먹을거리가 정말 중요하다는 것을 새삼 인식하게 된 아주 소중한 계기가 되었습니다. 특히 제가 먹을거리에 신경을 쓰는 모습을 보고 아이들 역시 먹을거리에 대한 중요성을 체험하면서 스스로 조심하게 된 것은 큰 수확이었지요. 어느 특정 음식이 아이의 키를 키우고, 감기를 낫게 하며 갑자기 머리를 좋게 하지는 않습니다. 무엇보다 중요한 것은 아이들이 성장 시기에 필요한 영양소가 풍부한 식품을 골고루 꾸준히 먹는다면, 우리 아이들은 외부 바이러스로부터 자신을 지키는 면역력이 높아지고 신체적으로나 정신적으로나 몰라보게 건강해진다는 것입니다.

늘 엄마에게 큰 힘이 되어주는 지겸이와 지온이, 힘든 촬영장에 한걸음에 달려와 도움을 준 언니와 동생, 언제나 든든한 남편이 있어 이 책이 가능했습니다. 그리고 이 책이 나올 수 있도록 여러 가지로 도와주신 분들께 감사를 드립니다.

세상의 모든 부모들은 우리 아이들이 건강하게 자라는 것을 바랄 것입니다. 모쪼록 이 책에 소개된 레시피들과 함께 우리 아이들이 더욱 건강해졌으면 하는 바람입니다.

장 소 영

이 책에서 사용된 계량 방법

계량은 요리의 기본입니다. 계량에 따라서 맛이 달라지니까요. 이 책에서는 밥숟가락 계량으로 했어요.
계량 도구를 사용하는 분들은 다음의 내용을 참조해서 계량하세요.

밥숟가락(1) = ⅔큰술 = 약 10㎖
*계량스푼 1큰술 = 15㎖

밥숟가락(0.5) = 1작은술 = 약 5㎖

종이컵(1컵) = 200ml

액체류

밥숟가락(1)

밥숟가락(0.5)

장류

밥숟가락(1)

밥숟가락(0.5)

가루류

밥숟가락(1)

밥숟가락(0.5)

100g 기준의 예

무 100g

시금치 100g

콩나물 100g

양배추 100g

호박 100g

시금치 한 줌 약 100g

 =

시금치 1단   시금치 1단 삶은 것

C O N T E N T S

PART 1

키가 크고
몸이 자라는
성장 레시피

사계절
면역력을
높이는
레시피

PART 2

PART 3

두뇌가 좋아지는 레시피

감기를 예방하는 레시피

PART 4

PART 5

정서안정과 기억력을 높이는 레시피

우리 전통 간식과 홈베이킹&음료

PART 6

SPECIAL
이유있는 레시피로 만든 이유있는 도시락

우리 아이 이유있는 특별 레시피 목차

단호박팥찰밥

우리 아이 이유있는 레시피 요리별 목차

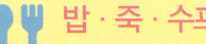
브로콜리치즈수프

매일 무엇을 얼마나 먹여야 할까요?
아이 나이에 따른 권장식단

모든 아이에게 맞는 밥상이 있을까요? 아마 없을 것입니다. 아이들의 성장 속도, 활동량, 체격 등 개인차가 크기 때문이지요. 성장기와 활동기인 우리 아이들의 밥상에서 가장 중요한 것은 균형 잡힌 식단입니다. 균형 잡힌 식단이란 탄수화물, 양질의 단백질, 지방, 무기질과 비티민 등을 충분히 섭취할 수 있도록 잘 짜인 밥상입니다. 우리 아이들이 하루에 무엇을 얼마나 먹어야 하는지 알 수 있도록 식품군과 양 등을 제시한 밥상을 소개합니다.

먼저, 다음의 권장 식단표를 보세요

식품군	대표 식품의 1인 1회 분량	연령		
		3~5세 1400kcal	6~8세 1600kcal	9~11세 1800kcal
곡류군(300kcal)	밥 1공기, 식빵 3쪽, 건국수 100g, 감자 3개, 옥수수 1½개	2회	2.5회	3회
어육류군(80kcal) (콩, 난류)	쇠고기 · 닭고기 · 돼지고기 60g 갈치 · 조기 등 생선 50g 달걀 1개 마른콩 1큰술, 두부 1/4모	3회	3회	3회
채소(10~80kcal)	고사리 · 시금치 · 오이 · 콩나물 · 양파 · 양배추 70g 배추김치 · 깍두기는 40g 토마토주스 100g(1/2컵) 다시마 · 미역 30g 버섯류 30g	4회	4회	5회
과일	딸기, 수박, 참외 200g 감(1/2개), 귤(중 1개), 사과(1/2개), 배(1/4개), 복숭아 · 포도 100g 오렌지주스 1컵	1회	2회	2회
우유 및 유제품	우유 1컵, 치즈 1장, 떠먹는 요구르트 110g(1개), 아이스크림 1/2컵	2회	2회	2회
지방 · 당류	버터 · 마요네즈 · 식용유 1작은술 땅콩 10g 꿀 · 설탕 · 사탕 등 1큰술	3회	3회	3회

표를 보는 방법

- 3~5세 아이일 때 곡류 중 밥은 2공기, 어·육류·콩·난류군은 3회, 채소는 4회, 과일은 1회, 유제품군은 1회, 지방·당류는 3회를 아침·점심·간식·저녁으로 골고루 나누어주면 됩니다. 이 때 한 가지 식품만 고집하지 말고 다양하게 섭취하도록 담아 주세요.
- 식품을 곡류군, 어·육류·콩·난류군, 채소군, 과일군, 우유군, 지방·당류의 6가지로 나누어 같은 군내에서는 먹고 싶은 것을 아이들의 기호에 맞춰 자유롭게 선택하여 먹도록 합니다.
- 육류의 경우 살코기 기준이며, 지방 함량이 높은 육류(갈비, 삼겹살 등)를 이용할 경우에는 유지를 추가 사용한 것으로 간주해야 합니다. 채소류는 하루 염분 섭취량인 5g을 맞추기 위하여 가능한 한 싱겁게 조리하며 국, 찌개의 경우 건더기 위주로 섭취하도록 합니다. 과일류는 식이섬유의 섭취를 늘리기 위하여 주스보다는 생과일의 섭취를 권장합니다. 우유 및 유제품은 바나나, 딸기우유보다 흰우유를 먹는 것이 좋습니다. 지방·당류는 조리 시 사용되는 유지 및 당류의 경우 단위 수 범위에서 사용하도록 합니다.

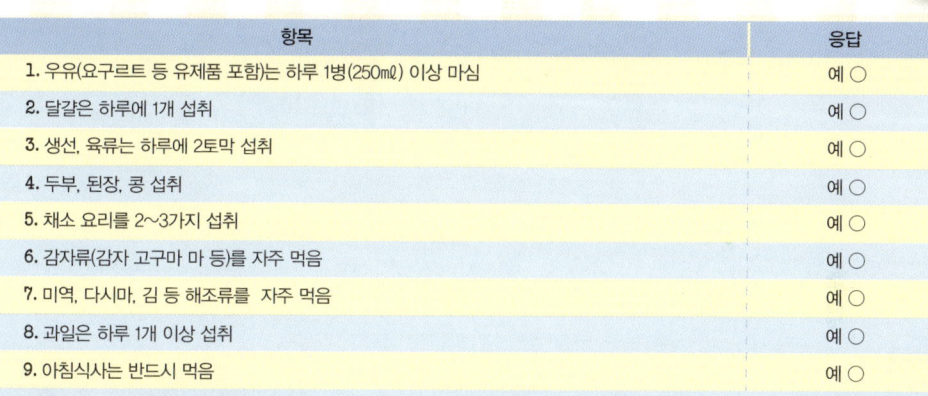

우리 아이 균형 있는 식단으로 먹었는지 테스트 해볼까요?

섭취한 식품의 가짓수가 다양할수록 영양군 섭취가 균형을 이룹니다.

항목	응답
1. 우유(요구르트 등 유제품 포함)는 하루 1병(250㎖) 이상 마심	예 ○
2. 달걀은 하루에 1개 섭취	예 ○
3. 생선, 육류는 하루에 2토막 섭취	예 ○
4. 두부, 된장, 콩 섭취	예 ○
5. 채소 요리를 2~3가지 섭취	예 ○
6. 감자류(감자 고구마 마 등)를 자주 먹음	예 ○
7. 미역, 다시마, 김 등 해조류를 자주 먹음	예 ○
8. 과일은 하루 1개 이상 섭취	예 ○
9. 아침식사는 반드시 먹음	예 ○

(예) 위의 응답 1개에 5점 배당
40점 이상 : 영양 균형이 잘 잡혀 있음
39~30점 : 영양 균형이 조금 기울어져 있음
29점 이하 : 영양의 균형이 깨어져 있음. 적극적으로 식생활을 개선하지 않으면 건강을 상하게 됨

3~5세는 신진대사와 뇌 발육이 왕성해지는 시기이므로 세끼 식사 외에 영양가 있는 간식으로 영양을 보충해줍니다. 소화 흡수 능력이 미숙하므로 부드러운 형태로 한입에 먹기 좋게 조리합니다. 아이들은 예쁜 모양, 부드러운 것, 입 안에 넣기 쉬운 크기, 미지근한 온도의 음식을 좋아합니다. 식사 습관이 형성되는 시기이므로 모든 식품을 골고루 먹어 편식하지 않도록 합니다.

편식하는 아이들이라면 같은 음식이라도 담는 방법을 달리하여 상차림을 합니다. 특히 유아기의 아이들은 예쁜 모양을 선호하는 경향이 높기 때문에 1인분씩 담음새를 바꾸어보는 것도 좋습니다. 아이와 함께 음식을 만들어 그릇에 담거나 모양을 만드는 과정을 같이 하면 아이가 더욱 재미있고 좋아하며 맛있게 먹을 수 있습니다.

하루 밥상 1 이유있는 레시피로 차린 균형 잡힌 하루 밥상 4일분

		전분류	육류 · 생선 · 콩	채소 · 과일	우유 · 유제품
아침	우유보리죽, 즉석 동치미, 북어비빔밥, 다시마조림	0.7	1	2	1
점심	감자수제비, 굴튀김, 오이나물	1	1	1.5	
간식	블루베리핫케이크, 귤주스	0.3		1	1
저녁	보리밥, 들깨미역국, 쇠고기참깨완자, 시금치무침, 깍두기	1	1	2.5	

아침상

우유보리죽(247P)
즉석동치미(208P)
북어보푸라기(231P)
다시마조림(047P)

점심상

감자수제비(181P)
굴튀김(177P)
오이나물(121P)

하루 밥상 1, 2, 3, 4일분의 예는
14P 권장 식단표의
9~11세를 기준으로 했습니다.

간식상

블루베리핫케이크(294P)
귤주스

저녁상

보리밥
들깨미역국(044P)
쇠고기참깨완자(027P)
시금치무침(143P)
깍두기

하루밥상 2

		전분류	육류·생선·콩	채소·과일	우유·유제품
아침	현미밥, 콩나물국 장조림, 콩전, 김치	1	2	1.5	
점심	발아현미크로켓, 콩나물국 연근초콩샐러드	1		1.5	1
간식	우유, 바나나			1	1
저녁	콩밥, 냉이된장국, 달걀말이, 호박나물, 김치	1	1	3	

아침상

발아현미밥(214P)
콩나물국(188P)
사태마늘장조림(237P)
콩전(221P)
김치

점심상

발아현미크로켓(218P)
콩나물국(188P)
연근샐러드(090P)

간식상

우유
바나나

저녁상

콩밥
냉이된장국(110P)
달걀시금치말이(169P)
호박나물(204P)
김치

하루 밥상 3

		전분류	육류·생선·콩	채소·과일	우유·유제품
아침	현미콩밥, 버섯육개장, 김구이, 백김치, 시금치무침	1	0.5	2.5	
점심	김치게살그라탱, 꽁치볼, 양배추피클, 사과	0.8	1	1.5	1
간식	단호박케이크, 딸기아이스크림	0.2		1	1
저녁	현미밥, 무쇠고깃국, 코다리닭찜, 멸치콩조림, 오이소박이	1	1.5	2	

아침상

발아현미콩밥
버섯육개장(102P)
김구이
백김치(060P)
시금치무침(143P)

점심상

김치게살그라탱(058P)
꽁치볼(166P)
양배추피클(074P)
사과

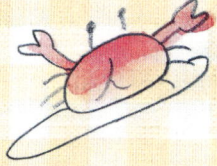

간식상

옥수수당근컵케이크(300P)
딸기아이스크림(306P)

저녁상

발아현미밥(215P)
무쇠고깃국(207P)
코다리닭찜(234P)
멸치콩조림(228P)
오이소박이(117P)

		전분류	육류·생선·콩	채소·과일	우유·유제품
아침	잡곡밥, 두부북엇국, 감자시금치전, 전복초, 김치	1	1	1.5	
점심	양파햄버그스테이크, 감자수프, 매실모둠피클, 귤	0.7	1.5	3	0.5
간식	치즈찜케이크, 딸기요구르트	0.3		1	1.5
저녁	현미밥, 청국장찌개, 파래무침, 무김치, 청국장꽈리고추무침	1	0.5	1.5	

아침상

잡곡밥
두부북엇국(063P)
전복초(193P)
감자시금치전(184P)
김치

점심상

양파햄버그스테이크(198P)
감자수프(182P)
매실모둠피클(130P)
귤

간식상

치즈찜케이크(299P)
딸기요구르트(250P)

저녁상

현미밥
청국장찌개(113P)
파래무침
무김치
청국장꽈리고추무침(114P)

키가 크고 몸이 자라는 성장 레시피

아이의 균형 있는 성장을 돕기 위해 가장 중요한 기본은 규칙적인 식사를 하는 것이다. 하루 세끼 규칙적인 식사는 신체 활동을 위한 호르몬의 분비를 원활하게 해준다. 식사가 불규칙해지면 호르몬의 분비도 그만큼 원활하지 못해 신체 리듬이 깨지게 된다. 5대 영양소를 골고루 섭취하며, 특히 질 좋은 단백질과 골격의 근간이 되는 칼슘을 충분히 공급해주어야 한다. 어린아이들은 성장과 신체 활동량이 크게 늘어나는 시기이지만 식사량은 많지 않아 어른과는 달리 에너지 밀도가 높은, 즉 지방 함량이 높은 견과류나 육류 등의 식품을 선택해 에너지 필요량을 채워주는 것이 좋다.

성장에 필요한 영양소와 식품

이런 영양소가 필요해요

단 백 질
뼈와 연결 조직을 이뤄 피부와 근육을 형성하는 등 신체 조직을 구성한다. 특히, 몸에서 생성되지 않는 필수아미노산이 풍부한 단백질이 좋다. **대표 식품 : 쇠고기 · 돼지고기 등의 육류, 달걀, 콩, 두부, 참치 · 조기 · 꽁치 등 생선, 새우 등**

지 질
지질은 한 큰술만 먹어도 밥 반공기의 에너지를 내는 농축 영양소다. 요즘은 지방을 무조건 제한하는 경우가 있는데 성장기에 지질 섭취를 제한하면 필수 지방산 부족과 지용성 비타민의 흡수를 막아 성장을 저해한다. **대표 식품 : 쇠고기 · 돼지고기 등의 육류, 달걀, 콩, 두부, 참치 · 고등어 · 꽁치 등 생선, 새우 등**

칼 슘
칼슘은 뼈를 튼튼히 하고 몸을 구성하는 세포를 활성화하는 역할을 한다. 칼슘은 보통 체내 흡수율이 낮지만 우유, 멸치 등 동물성 식품은 칼슘 흡수율이 높아 어린이의 성장 발육에 탁월한 식품이다. **대표 식품 : 치즈, 참깨, 건새우, 다시마, 미꾸라지, 우유, 멸치, 두부 등**

철 분
유아는 성장이 빨라 철의 요구량이 증가하는데, 이는 혈액량이 증가하기 때문이다. 특히 1~3세의 유아에게서 결핍 현상이 흔히 일어나며 성장을 저해한다. **대표 식품 : 쇠고기 · 돼지고기 간, 바지락, 굴, 유부, 무청, 깻잎, 파래 등**

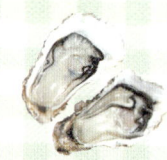

아 연
단백질 합성과 성장을 위한 필수 영양소다. 성장기에는 많은 신체 조직이 만들어지는데 새로운 조직을 형성하는 데 꼭 필요한 영양소다. **대표 식품 : 굴, 쇠고기, 오징어, 메밀, 소간, 캐슈너트 등**

비 타 민 D
칼슘의 흡수를 촉진시켜 뼈를 튼튼하게 한다. '햇빛 비타민'이라고도 불리는데, 매일 팔다리를 10분 정도 햇빛에 노출시키면 하루 필요량을 충족시킬 수 있다. 그러나 야외 활동이 줄거나 자외선 차단제 도포 등의 이유로 부족해질 수 있으므로 식품으로 섭취한다. **대표 식품 : 연어, 간, 꽁치, 고등어, 목이버섯, 표고버섯, 달걀노른자 등**

성장에 좋은 레시피

1 쇠고기

TIP

쇠고기를 먹을 때 스테이크는 약간 덜 익은 상태로 먹어도 좋지만 햄버거처럼 다진 고기로 만든 음식은 속까지 완전히 익혀야 한다. 미국에서는 다진 고기로 만든 햄버거를 먹은 후 종종 식중독 사고가 보고되는데, 심한 경우 사망에 이르기도 한다. 고기의 누린내는 핏물에서 나는 경우가 많으므로, 조리하기 전 면포나 키친타월로 핏물을 뺀 후 조리하는 것이 좋다. 육수를 낼 때에는 1시간가량 찬물에 담근 후 사용하면 맛도 좋아지고 육수도 맑게 만들 수 있다.

쇠고기는 필수아미노산을 풍부하게 함유한 식품이다. 단백질이 인체에서 근육과 장기를 이루고 신경전달물질 등을 만들기 위해서는 필수아미노산이 필요한데, 체내에서 합성되지 않기 때문에 식품으로 꼭 섭취해야 한다. 필수아미노산이 부족하면 성장이 더딜 뿐 아니라 체내 저항력이 떨어져 면역력이 약해진다. 쇠고기가 좋은 이유 중 하나는 다른 식품의 단백질보다 철의 함량과 체내 흡수율이 월등히 높아 유아기에 생기기 쉬운 빈혈을 예방할 수 있기 때문이다. 또한 성장 호르몬이나 신체를 유지하는 여러 호르몬들이 단백질로 구성돼 있어 양질의 쇠고기 섭취는 호르몬의 분비도 원활하게 해준다.

쇠고기를 먹을 때에는 살코기 위주로 먹는 것이 좋다. 살코기는 칼로리가 낮을 뿐만 아니라 환경 호르몬으로 알려진 다이옥신이나 위해 물질들이 주로 지방에 녹아 있기 때문이다.

제철 사철

같이 먹으면 좋아요 두부나 참깨·채소 등과 같이 먹으면 콜레스테롤의 흡수를 낮출 수 있다.

좋은 재료 선택하기 쇠고기는 부위에 따라 맛과 용도가 다르다. 보통 사태나 양지머리는 질겨서 오랫동안 끓여 먹는 국이나 찜의 조리법이 좋고 안심이나 등심, 우둔은 육질이 부드러워 구이나 볶음 등으로 쓰는 것이 좋다.

이렇게 보관하세요 쇠고기는 공기와 접촉하면 색깔이 변하고 가장자리가 딱딱해져 맛이 없어진다. 구입한 즉시 냉장고에 보관하고, 다질 경우 얇게 썰어 냉동해두었다가 그때그때 꺼내 반쯤 녹여 다져 쓴다. 덩어리 고기는 1회 사용할 분량씩 나눠 표면에 식용유를 살짝 발라 냉동실에 보관하면 오랫동안 신선도와 맛을 유지할 수 있다.

남은 재료 활용법 고기가 조금 남았을 경우에는 다시 덩어리로 냉동하지 말고 잘게 다져 양념한 뒤 볶은 다음 밀봉해 냉동한다. 볶은 쇠고기는 볶음밥이나 주먹밥 등에 응용할 수 있고, 고기의 맛도 그냥 냉동했다가 해동한 것보다 낫다.

1 성장

빈혈을 예방하는
쇠고기참깨완자

재 료 ● 쇠고기(우둔) 200g, 두부 1/4모, 참깨 3, 검은깨 3, 식용유 약간

고기 양념 간장 2, 설탕 1, 다진 마늘·다진 파 0.5씩, 깨소금 0.5, 후춧가루 약간

★ 재료중 쇠고기는 생선으로 응용 가능

만 들 어 보 세 요

1 쇠고기는 곱게 다지고, 두부는 물기를 짜 곱게 으깬다.

2 분량의 재료로 고기 양념을 만든 다음 볼에 ①의 쇠고기와 두부, 고기 양념을 넣어 잘 섞이도록 치댄다.

3 ②의 반죽을 지름 3cm 크기 정도로 빚어 완자를 만든다.

4 완자를 반씩 나누어 한쪽에는 참깨를 묻히고 다른 한쪽에는 검은깨를 묻힌다.

5 달군 팬에 식용유를 두르고 중간 불에서 앞뒤로 노릇하게 지진다.

쇠고기에 밀가루나 달걀 대신 필수 아미노산이 풍부한 참깨와 검은깨에 듬뿍 묻혀 지지면 씹는 맛도 좋고 쇠고기의 콜레스테롤도 낮춰준답니다.

키가 커져요
1 성장 불고기샐러드

불고기의 변신,
손쉬운 불고기에 상추 등의 채소를
곁들여 만들면 일품요리로 변신해요.
이때 불고기는 약간 식힌 후 곁들여야
채소의 숨이 죽지 않고 아삭한 맛을
유지할 수 있답니다.

1-1

1-2

2

3

4

재 료 ● 쇠고기(불고깃감) 200g, 양상추 2장, 방울토마토 3개, 사과 · 배 1/4개씩, 브로콜리 1/6송이
불고기 양념 간장 2, 설탕 1, 다진 마늘 · 다진 파 · 깨소금 · 참기름 0.5씩, 후춧가루 약간
드레싱 들기름 1, 간장 2, 식초 2, 설탕 2, 씨겨자 0.5
★ 재료중 채소와 과일은 집에 있는 것으로 변경 가능

만 들 어 보 세 요

1 쇠고기는 0.3cm 두께로 썰어 핏물을 제거하고, 불고기 양념에 재운다.

2 양상추는 흐르는 물에 씻어 손으로 뜯고 토마토, 배, 사과는 먹기 좋은 크기로 자른다. 브로콜리는 작은
  송이로 잘라 끓는 소금물에 데쳐 찬물에 헹군다.

3 ①의 양념한 불고기를 약한 불에 모양이 흐트러지지 않게 구워 한 김 식힌 다음 먹기 좋은 크기로
  자른다.

4 볼에 분량의 재료를 한데 넣어 드레싱을 만든다.

5 접시에 불고기와 과일, 채소를 보기 좋게 담고 드레싱을 곁들여 낸다.

★ 씨겨자는 멀홀랜드 제품이나 기타 수입 제품을 백화점에서 4000~5000원대에 구입할 수 있으며,
샌드위치나 육류 요리에 곁들여 먹으면 좋다.

씨겨자

+COOK 불고기덮밥
소스를 끓이다가 볶은 불고기를 넣고 촉촉하게 덮밥을 만들어요.
불고기와 밥만 있으면 한 끼 식사로 손색없지요.

재료 ●밥 2공기, 양념 불고기 200g, 양파 1/2개, 실파 2뿌리, 물 1/2컵, 굴소스 1,
녹말 0.5, 참기름 0.5

만 드 는 법 ● ❶ 양파는 얄팍하게 채 썰고, 실파는 다듬어 송송 썬다. ❷ 양념
한 불고기는 먹기 좋은 크기로 자른다. ❸ 녹말에 물 1을 섞어 물녹말을 만든다.
❹ 달군 팬에 양파를 투명하게 볶다가 불고기를 넣고 볶은 뒤 나머지의 물과 굴소스를
넣는다. ❺ ④의 불고기가 바글바글 끓으면 물녹말을 넣어 걸쭉하게 만든 다음 참기름과
실파를 넣고 불을 끈다. ❻ 따뜻한 밥에 ⑤의 불고기덮밥 소스를 올린다.

성장 호르몬을 원활히 하는
쇠고기두부스테이크

쇠고기 살코기에 두부를 섞어 만든
한국식 햄버그스테이크예요. 햄버거보다
칼로리가 낮을뿐더러 맛도 좋은 음식이죠.
쇠고기와 두부를 섞은 반죽은
오래 치댈수록 모양이 좋아진답니다.

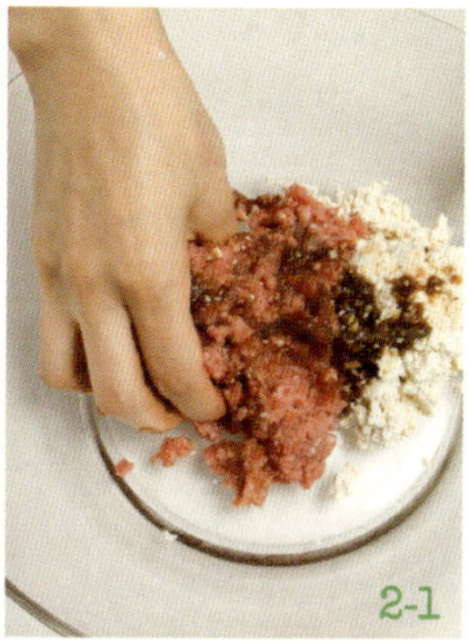

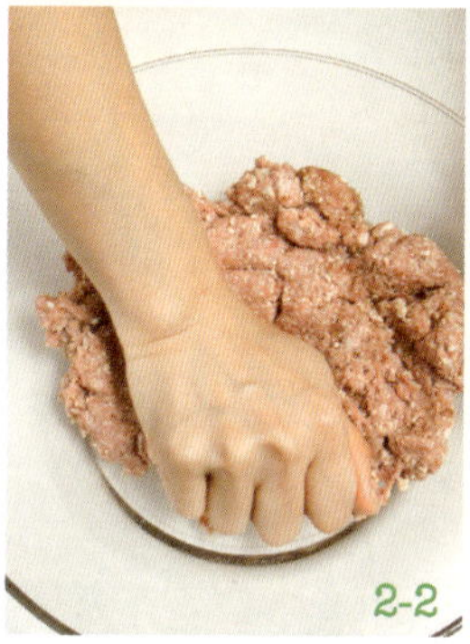

재 료 ● 쇠고기(우둔) 150g, 두부 1/4모, 잣가루 0.5(생략 가능), 식용유 약간
쇠고기 양념 간장 1, 소금 0.2, 설탕 1, 다진 파 · 다진 마늘 0.5씩, 깨소금 · 참기름 0.3씩

만 들 어 보 세 요

1 쇠고기는 연하고 기름기 없는 부위로 곱게 다지고, 두부는 칼을 눕혀서 곱게 으깬 후 면포로 싸서
물기를 꼭 짠다.

2 볼에 쇠고기와 두부를 한데 넣고 분량의 쇠고기 양념을 넣은 뒤 끈기가 날 때까지 치댄다.

3 ②의 고기 반죽을 0.7cm 두께로 넙적하게 빚은 뒤 골고루 칼집을 낸다.

4 달군 팬에 식용유를 두르고 ③의 고기 반죽을 약한 불에 서 속까지 익힌 후 약간 식으면 먹기 좋게
썰어 잣가루를 올린다. 또는 아이들이 좋아하는 케첩 등 드레싱류와 내도 좋다.

T I P 두꺼운 고기를 구울 때 꼬챙이로 찔러보아 핏물이 아닌 맑은 물이 나오면 속까지 고루 익은 것이다. 스테이크처럼
덩어리로 된 고기는 약간 덜 익혀도 되지만 다진 고기로 만든 음식은 속까지 잘 익혀서 먹어야 한다.

1 성장

근육을 강하게 하는
갈비찜

갈비는 맛이 있기는 하지만
질긴 부위이지요. 연하게 하는 비결을
알려드릴게요. 처음부터 간을 하지 말고
속까지 익도록 삶은 다음 양념을 해서
서서히 찜을 하면 부드러운
갈비찜이 된답니다.

032

재 료 ● 소갈비 500g, 무 1/6개, 당근 1/2개, 밤 5톨, 양파 1/2개, 대파 2대, 마늘 5쪽, 생강 1/2톨
갈비 양념 간장 4, 설탕 1, 다진 파 2, 다진 마늘 1, 청주 1, 조청 2, 참기름 1, 배즙 5, 후춧가루 약간

★ 재료중 당근, 밤 배즙은 생략 가능

만 들 어 보 세 요

1 갈비는 찬물에 1시간가량 담가 핏물을 뺀다. 핏물을 빼야만 고기 특유의 누린내를 없앨 수 있다.

2 냄비에 갈비가 잠길 정도의 물을 부은 뒤 양파, 대파, 마늘, 생강을 넣고 40분가량 속까지 익도록
   삶는다. 갈비는 건지고, 삶은 국물은 면포에 밭쳐 거른다.

3 무와 당근은 갈비보다 약간 작게 사방 4cm 크기로 자른 다음 모서리를 깎아 끓는 물에 소금을 넣고
   데친다. 밤은 속껍질을 벗긴다.

4 삶은 갈비에 칼집을 내고 볼에 분량의 재료를 고루 섞어 갈비 양념을 만든다.

5 냄비에 ④의 갈비를 넣고 양념을 2/3 정도 넣은 후 갈비 삶은 물을 냄비의 2/3 정도 높이로 붓는다.
   국물이 끓기 시작하면 중간 불로 줄여 40분가량 뚜껑을 덮고 뭉근하게 끓인다.

6 ⑤의 국물이 반쯤으로 졸아들면 나머지 양념과 무, 당근, 밤을 넣고 약한 불에서 한 번 더 끓인다.

성장 1

피부와 근육을 형성하는
쇠고기버섯장조림

쇠고기는 포화지방산의 함량이 높은데
버섯과 함께 먹으면 포화지방산의
체내 흡수율을 낮출 수 있어요.
또한 꽈리고추의 비타민 C가 쇠고기의
철분 흡수를 돕는답니다.

재 료 ● 쇠고기(양지머리나 사태) 300g, 대파(뿌리 부분) 3대, 마늘 3쪽, 새송이버섯 1개, 느타리버섯 1
송이, 꽈리고추 10개, 생강 1톨, 간장 2/3컵, 설탕 1/3컵, 청주 3
★ 재료중 새송이버섯, 느타리버섯, 꽈리고추는 선택 가능

만 들 어 보 세 요

1 쇠고기는 찬물에 담가 30분가량 핏물을 뺀 후 건진다. 냄비에 물 8컵을 끓이다가 핏물을 뺀 쇠고기와
대파뿌리, 마늘을 같이 넣고 삶는다. 꼬챙이로 찔러보아 핏물이 나오지 않을 정도로 1시간가량 무르
게 삶은 뒤 고기만 건진다.

2 꽈리고추는 손질해 이쑤시개로 구멍을 내고, 새송이버섯은 반으로 가른 후 먹기 좋게 자른다. 느타리
버섯은 길이로 찢고, 생강은 편으로 저민다.

3 냄비에 ①의 삶은 고기와 저민 생강, 청주, 간장과 설탕을 재료의 반 분량만 넣고 30분가량 바글바글
끓인다.

4 ③의 간장물이 반쯤 졸아들면 나머지 간장과 설탕, 버섯을 넣고 약한 불에서 끓인다.

5 ④의 간장물이 1/4 정도로 졸아들면 꽈리고추를 넣고 10분가량 약한 불에서 졸인다.

T I P 고기를 익힐 때 처음부터 간장을 다 넣으면 고기의 수분이 빠지면서 딱딱해진다. 고기를 익힌 다음 간장을 나누어
넣어야 장조림이 부드럽게 된다. 청주나 조미술 등 알코올 성분은 고기의 누린내를 없애주며 장조림을 만들 때는 뚜껑을 열고
끓여야 육질이 부드럽고 냄새가 없다.

1 조개

TIP
식이섬유나 차에 들어 있는 타닌 등은 조개에
풍부한 철분의 흡수를 방해한다. 조개류를 먹은 후 타닌이
많은 차나 감 등을 후식으로 먹는 것은 좋지 않다.
또 조개류는 식이섬유가 많은 현미밥보다는 흰쌀밥과
같이 먹을 때 흡수율이 더 높다. 철분은 단백질,
비타민 C와 함께 먹으면 흡수율을 높일 수 있다.

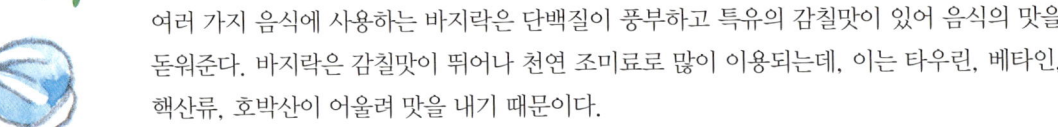

여러 가지 음식에 사용하는 바지락은 단백질이 풍부하고 특유의 감칠맛이 있어 음식의 맛을 돋워준다. 바지락은 감칠맛이 뛰어나 천연 조미료로 많이 이용되는데, 이는 타우린, 베타인, 핵산류, 호박산이 어울려 맛을 내기 때문이다.

특히 바지락은 필수아미노산인 메치오닌과 시스테인 등 함황아미노산이 많아 해독 작용을 하며, 철분의 함량이 매우 높다. 철분은 급격하게 성장하는 유아기 때 가장 부족하기 쉬운 영양소이므로 신경 써서 챙겨주는 것이 좋다.

한 곳에 사는 조개류는 맑은 물에서 사는 것을 선택해야 하며 껍데기에 불순물이 많으므로 껍데기를 깨끗하게 씻은 후 조리하는 것이 좋다.

제철 바지락은 산란을 대비해 성장하는 봄에 맛이 좋다.

같이 먹으면 좋아요 레몬의 풍부한 유기산은 조개의 세균 번식을 막아주며 철분 흡수를 도와준다. 신맛이 나는 매실이나 레몬 등과 같이 먹으면 좋다.

좋은 재료 선택하기 껍데기가 전체적으로 검은빛에 윤기가 나며 물에 담겨 있을 때 촉수를 건드려보아 움직이는 것이 좋다. 보통 서해안 바지락을 으뜸으로 치는데, 껍데기가 갈색이나 회색을 띠며 3~4cm 정도 크기가 상품이다. 중국산은 흰빛을 많이 띠고 껍데기가 얇아 깨진 것이 많으며 조갯살이 빈약해 조개끼리 비비면 빈 소리가 난다.

조리 포인트 불순물이 많은 껍데기를 깨끗이 씻은 후 바닥이 평평한 그릇에 연한 소금물을 부은 다음 조개가 서로 포개지지 않도록 담아 어두운 곳에 둔다. 해감을 많이 토하면 감칠맛을 내는 아미노산이 증가해 맛이 더 좋아진다.

이렇게 보관하세요 쓰고 남은 바지락은 심심한 소금물에 담가둔다. 오랫동안 보관하려면 해감한 후 삶은 다음 살만 발라 국물과 함께 냉동한다.

1 성장 해독 작용을 하는
바지락죽

재 료 ● 바지락 살 50g, 쌀 1컵, 애호박 1/4개(생략 가능), 참기름 1, 다진 마늘 0.5, 소금 약간, 물 10컵

만들어보세요

1 쌀을 씻어서 1시간 정도 불려 헹군 뒤 체에 밭쳐 물기를 뺀다.

2 바지락 살은 연한 소금물에 흔들어 씻은 다음 체에 밭쳐 물기를 빼고, 호박 은 반달썰기한다.

3 달군 냄비에 참기름을 두른 다음 다진 마늘과 바지락 살을 넣고 볶는다.

4 ③에 불린 쌀을 넣고 투명해질 때까지 3~4분간 볶다가 물을 붓고 가끔 저 으면서 20분 정도 중간 불에서 끓인다.

5 ④의 쌀알이 퍼지면 호박을 넣고 한소끔 끓인 후 소금으로 간을 맞춘다.

바지락 살을 참기름에 볶다가
쌀을 넣고 죽을 쑤면 쉬우면서도
감칠맛 나는 죽이 되지요.
해감이 잘 안 된 바지락 살을 쓰면
모래가 씹히는 경우가 있는데요.
이럴 때는 검은 내장 부위를
떼어낸 후 조리하면 된답니다.

1 성장 필수아미노산이 풍부해 근육의 생성을 돕는
바지락닭칼국수

바지락에 함유된 타우린이
닭의 콜레스테롤을 낮춰주고
닭의 풍부한 단백질은 조개 속 철분의
흡수를 도와주니 찰떡 궁합이라고
할 수 있죠.

재 료 ● 닭(토종 닭 또는 일반 닭) 1/2마리, 생칼국수 면 3인분, 바지락 100g, 감자 1/2개, 호박 1/4개, 다진 마늘 1, 소금 적당량 **닭고기 양념** 소금 0.5, 다진 마늘 1, 다진파 1, 참기름 0.3, 후춧가루 약간

★ 재료중 감자와 호박은 생략 가능

만 들 어 보 세 요

1 닭은 깨끗이 씻어 냄비에 물을 10컵을 붓고 푹 삶는다. 50분가량 끓여 닭이 익으면 건져 살만 발라내 찢어두고, 껍질과 뼈는 30분가량 더 끓이면서 떠오르는 기름을 걷어낸다.

2 볼에 ①의 닭살을 담아 **닭고기 양념**을 한다. 감자와 호박은 반달썰기한다.

3 ①의 육수를 면포에 밭쳐 거른 후 냄비에 붓고 깨끗이 해감시킨 바지락과 감자를 넣고 끓인다.

4 ③의 감자가 익으면 ②의 양념한 닭살과 칼국수 면, 호박을 넣고 한소끔 끓이다가 다진 마늘을 넣은 다음 소금으로 간을 맞춘다.

미역

TIP
미역국은 국물에 알긴산 등
식이섬유가 녹아 나오므로
국물까지 먹는 것이 좋다.

미역은 단백질의 함량이 높고, 특히 칼슘과 철분을 풍부하게 함유하고 있다. 미역의 끈끈한 점액질 성분인 알긴산은 혈중 콜레스테롤 농도를 낮추며, 혈전을 막아주는 성분도 있어 혈액순환을 좋게 한다. 뿐만 아니라 몸속의 중금속을 흡착, 배설해 몸의 피를 맑게 하며 체내의 나트륨을 배출함으로써 혈압을 낮춘다. 알긴산은 혈압을 낮추는 작용 외에도 위 점막을 자극해 소화를 돕고 대장의 운동을 원활하게 해 배변을 돕는다.

미역의 철분과 칼슘은 혈액을 만드는 데도 도움을 준다. 미역에 풍부하게 함유된 요오드는 갑상선 호르몬의 원료로, 신진대사를 높여 아이들의 성장에도 도움이 된다.

제철 미역은 12월부터 이듬해 3월 말까지가 제철로, 이때 수확한 마른 미역은 사시사철 이용할 수 있다.

같이 먹으면 좋아요 식초나 레몬, 사과 등에 포함된 구연산은 미역의 칼슘 흡수를 돕는다. 또한 쇠고기나 달걀과 같은 양질의 단백질은 미역의 칼슘 흡수를 높인다.

좋은 재료 선택하기 마른 미역은 줄기보다 잎이 넓고 검은빛이 나며 윤기 나는 것이 좋다. 물에 담갔을 때 잎이 풀어지지 않으며 선명한 녹색에 반투명한 것이 좋다. 생미역은 녹색이 짙고 광택이 나며 탄력이 있고 두꺼운 것이 좋다. 기장 지역의 미역이 자연환경이 좋아 맛이 뛰어나다.

조리 포인트 미역은 찬물에 불려야 맛이 빠지지 않으며, 조리했을 때 쉽게 풀어지지 않는다. 마른 미역은 보통 10배 이상 불어나므로 계량을 잘해야 한다.

이렇게 보관하세요 마른 미역은 밀봉한 상태로 건조하고 서늘한 곳에 보관한다.

1
성장

피를 맑게 하는
미역줄기볶음

재료 ● 염장 미역줄기 200g, 식용유 1, 다진 마늘 1, 간장 1, 고추장 0.3, 청주 0.5, 통깨 1

만들어 보세요

1 소금에 절인 미역줄기는 찬물에 여러 번 행군 후 잠길 정도의 물에 30분가량 담가 짠맛을 뺀다.

2 물에서 건져 물기를 뺀 후 먹기 좋게 4~5cm 길이로 자른다.

3 달군 팬에 식용유를 두르고 다진 마늘을 볶다가 자른 미역을 넣고 전체적으로 기름이 돌도록 5분가량 볶는다.

4 ③의 볶은 미역에 간장, 고추장, 청주를 넣어 약한 불에서 5분가량 더 볶은 후 불을 끈 다음 통깨를 넣고 고루 섞는다.

미역줄기는 저렴한 가격의 흔한 식재료지만 제대로 맛을 내기가 쉽지는 않지요. 염장 미역을 물에 담가 너무 싱겁지도, 너무 짜지도 않게 조리하는 것이 맛의 포인트예요. 먹어봤을 때 약간 싱거운 정도가 좋고요, 혹시 짠맛이 덜 빠졌다면 간장의 양을 조금 줄이거나 빼는 것이 좋습니다.

중금속을 배출하는
1 성장
자반미역볶음

미역의 식이섬유와 마늘은 중금속을
배출시키는 역할을 해요. 미역은 고온에서
단시간 튀겨야 바삭하고 마늘은 물에 담가
매운맛을 빼서 중온에서 튀겨야
타지 않아요.

재 료 ● 마른 미역 60g, 마늘 10쪽(생략 가능), 튀김기름 적당량 **설탕 시럽** 설탕 3, 식용유 3방울

만 들 어 보 세 요

1 자반 미역은 줄기보다는 잎 부분을 3cm 길이로 잘라 170℃로 달군 기름에 재빨리 튀긴 다음 키친타
월에 올려 기름을 뺀다.

2 마늘은 얇게 저며서 물에 1시간가량 담가두었다가 건진 뒤 찬물에 헹구기를 두 번 반복한다. 키친타
월에 올려 물기를 없애고 달군 기름에 노릇하게 튀긴다.

3 팬에 설탕과 식용유를 넣고 약한 불에서 젓지 않으면서 투명하게 설탕 시럽을 끓인다.

4 불을 약하게 한 후 ①의 튀긴 미역을 ③의 시럽에 넣어 골고루 코팅이 되게 버무린다.

5 ④의 미역볶음에 ②의 마늘칩을 섞은 후 넓은 그릇에 부어 덩어리지지 않도록 가닥가닥 흩뜨려 식힌 다음
밀봉하여 보관한다.

🏠 우리집에서는

우리집 식탁에는 자반미역볶음이 늘 놓여있답니다. 미역이 좋은 것은 알지만 국으로 먹으면 얼마 먹을 수가 없지요.
자반미역볶음은 조리 후 미역의 양이 줄어들어 더 많은 양을 먹을 수 있고 바삭바삭한 것이 맛도 좋거든요. 아무리
좋은 것도 먹지 않으면 소용이 없잖아요. 우리집 아이들은 식탁 주변을 오가며 과자 대신 자반미역을 먹지요. 그러
면서 화장실도 잘 가고 아토피도 좋아졌답니다.

1 성장
신진대사를 촉진시키는
들깨미역국

들깨미역국은 사찰에서 스님들이
보신 음식으로 먹었을 만큼 영양이
풍부한 국이랍니다. 인절미나 찹쌀새알심을
넣어도 잘 어울려 아침에 들깨미역국
한 그릇이면 든든한 한 끼가 되지요.

재 료 ● 미역 10g, 들깨 1/2컵, 다진 마늘 0.5, 국간장 1, 소금 0.2, 참기름 0.2
멸치 육수 물 7컵, 다시마(5X5cm 크기) 3조각, 국물 멸치 10마리, 대파 1/2대
들깨즙 들깨 1/2컵(들깨즙 만들기가 번거롭다면 시판 들깨가루 사용 가능)
★ 멸치 육수는 물로 변경 가능

만 들 어 보 세 요
1 미역을 한 번 씻어 물에 5분정도 담갔다가 체에 건져 불린 후 3cm 길이로 자른다.
2 냄비에 참기름을 두른 후 다진 마늘을 볶다가 불린 미역을 넣고 2~3분가량 볶는다.
3 냄비에 멸치 육수 재료를 넣고 끓여 오르면 불을 줄인 뒤 15분가량 끓인다.
4 들깨는 깨끗이 씻어 물에 인 다음 체에 밭쳐 물기를 뺀다. ③에서 만든 멸치 육수 2컵과 함께 믹서에
  곱게 갈아 체에 걸러 들깨즙을 받는다.
5 ②의 볶은 미역에 ③의 멸치 육수를 붓고 끓인다.
6 ⑤의 미역국이 끓어오르면 ④의 들깨즙을 넣고 한 번 더 끓이다가 다진 마늘과 국간장, 소금을 넣어
  간을 맞춘다.

T I P 미역국은 국물에 알긴산 등 식이섬유가 녹아 나오므로 국물까지 먹는 것이 좋다.

+COOK 홍합미역국
마른 홍합을 끓이다가 불린 미역을 넣고 끓이는 국으로 매우 손쉽지만 맛은
좋은 국이지요. 국물은 소금보다는 국간장으로 간을 해야 감칠맛이
난답니다.

재 료 ●미역 10g, 마른 홍합 100g, 물 5컵, 다진 마늘 0.5, 국간장 1, 소금 0.2,
참기름 0.2
만 드 는 법 ● ❶ 미역을 한 번 씻어 5분 정도 물에 담갔다가 체에 건져 불린 후 3cm
길이로 자른다. ❷ 물 5컵에 손질한 홍합을 넣고 10분 정도 끓인다. ❸ ②에 미역을
넣고 10분 정도 끓이다가 다진 마늘, 국간장, 소금으로 간을 맞추고 5분 정도 더 끓인다.

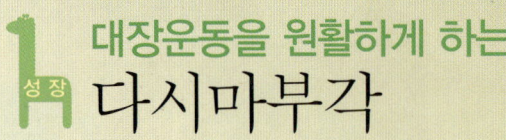

1 성장 대장운동을 원활하게 하는
다시마부각

다시마부각은 만들기도 간단하고
아이들이 좋아하지요. 다시마는 도톰한 것이
좋고 180℃ 정도의 고온에서 튀겨야 바삭하기
때문에 발연점이 높은 식용유로 조리해야
해요. 다시마는 칼슘과 섬유소를 풍부하게
함유해 뼈를 튼튼하게 하고 신진대사를
원활하게 해주지요.

재 료 ● 다시마(30×30cm 크기) 1장, 식용유 1컵, 설탕 0.5

만들어보세요

1 다시마에 묻은 하얀 가루를 젖은 면포로 닦아낸 다음 사방 4~5cm 크기로 자른다.

2 자른 다시마를 바싹 말린다.

3 튀김 팬에 분량의 식용유를 붓고 170~180℃로 달군 후 손질한 다시마를 넣고 젓가락으로 모양을 펴가며 튀긴다.

4 키친타월에 ③의 튀긴 다시마를 올려 기름을 빼고 뜨거울 때 설탕을 뿌린다.

+COOK 다시마조림

다시마의 알긴산이 장의 노폐물 배출을 도와 대장암을 예방해요.

재 료 ● 다시마(30X30cm 크기) 5장, 참기름 0.2, 통깨 약간, 물 ½컵
조림장 간장 3, 조청 3, 청주 1

만드는법 ● ❶ 다시마는 물에 잠시 담가 부드러워지면 돌돌 말아 채 썬다. 물에 1분 정도 담갔다가 바로 건져 체에 밭쳐둔다. ❷ 분량의 조림장을 섞는다. ❸ 냄비에 다시마와 물 1/2컵을 넣고 ②의 조림장을 반쯤 넣어 중간 불에서 10분 정도 조리다가 나머지 조림장을 넣고 약한 불로 조린다. ❹ 조림장이 거의 졸아들면 참기름과 통깨를 넣고 섞는다.

닭고기

성장에 좋은 레시피

TIP
닭의 누린내를 없애기 위해서는 닭
꽁지 부위의 노란 기름 덩어리를
떼어낸다.

닭고기에는 양질의 단백질이 풍부하다. 단백질은 근육을 형성하고 성장뿐 아니라 피부의 탄력 등에도 영양을 미친다. 닭고기는 다른 육류에 비해 근육 섬유가 가늘어 육질이 연한 것이 특징으로 소화 흡수가 잘되기 때문에 위가 약한 환자나 노약자, 어린이에게 좋다. 또한 닭살에는 비타민 B_6가 풍부한데, 이는 단백질의 소화에 꼭 필요한 비타민으로 단백질의 소화 흡수를 돕는 작용을 한다.

닭고기는 부위마다 특징이 있는데 닭가슴살은 가장 연하고 담백하며 다른 부위에 비해 칼로리가 절반 정도로 쇠고기보다 칼로리가 낮다. 닭다리살은 근육이 많아 감칠맛이 강하다. 닭날개는 지방이 많고 뮤신의 일종인 콘드로이친황산의 함량이 높은데 이 성분은 곰발바닥, 장어 등에 포함된 끈끈한 성분으로 강장 작용을 한다. 또한 닭고기는 비타민 B_2, 비타민 A, 콜라겐 성분을 많이 함유해 피부에 탄력을 주고 관절을 튼튼하게 만든다.

제철 사철

같이 먹으면 좋아요 닭 껍질에는 콜라겐이 풍부한데 채소나 고구마 등의 비타민과 함께 먹으면 흡수율이 높아진다.

좋은 재료 선택하기 부위별 고기는 육질이 두껍고 광택이 있으며 팽팽해 보이는 것을 고르고, 통닭은 껍질의 모공이 불룩하며 전체적으로 주름이 많은 신선한 것이다.

조리 포인트 닭고기는 다른 고기처럼 지방이 살코기 사이에 섞여 있지 않고 껍질 부분에 집중돼 있으므로 껍질의 지방만 떼어내고 조리하면 칼로리를 줄인 고단백질 닭고기를 섭취할 수 있다.

이렇게 보관하세요 닭고기는 쇠고기나 돼지고기 같은 붉은 고기에 비해 단백질을 많이 함유해 부패 속도가 빠르고 식중독을 일으키기 쉽다. 부위별로 팔기도 하므로 한 번 먹을 만큼만 구입하는 것이 좋고, 꺼내놓은 것은 바로 먹는다. 장기간 보관할 경우 즉시 냉동해 보관하는 게 필수다. 먹기 좋은 크기로 잘라 한 번 사용할 분량만큼씩 지퍼 팩에 나눠 담고 납작하게 펴서 가능한 한 빨리 냉동한다.

1 근육 형성을 돕는 허브닭찜

재 료 ● 닭 1/2마리(500g), 감자 2개, 양파 1개, 올리브유 2, 물 2컵, 카레가루 1, 바질 가루 0.3, 소금 약간　**닭고기 밑간** 간장 3, 다진 마늘 1, 다진 파 1, 참기름 0.5, 후춧가루 약간　★ 재료중 감자와 양파는 선택 가능

만 들 어 보 세 요

1 닭은 깨끗이 씻은 후 먹기 좋은 크기로 잘라 물기를 제거하고 **닭고기 밑간**하여 30 분가량 재운다.

2 감자와 양파는 큼직하게 썰어둔다.

3 달군 팬에 올리브유를 두르고 ①의 닭이 절반 정도만 익도록 지진다.

4 ③의 닭에 감자와 양파를 넣고 볶다가 물을 붓고 끓인다.

5 ④의 닭이 바글바글 끓어오르면 바질과 카레가루를 넣고 잘 어우러지게 10분가량 끓인 다음 소금으로 간을 맞춘다. 카레가루 자체에 기본적으로 향과 간이 있으므로 소금을 많이 넣지 않아도 간을 맞출 수 있다.

T I P 바질이나 카레가루 등 향이 나는 재료는 조리의 마지막 단계에서 넣어야 맛이 날아가지 않는다.

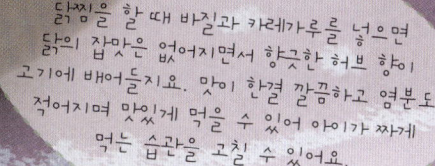

닭찜을 할 때 바질과 카레가루를 넣으면 닭의 잡맛은 없어지면서 향긋한 허브 향이 고기에 배어들지요. 맛이 한결 깔끔하고 염분도 적어지며 맛있게 먹을 수 있어 아이가 짜게 먹는 습관을 고칠 수 있어요.

1 _{성장} 관절을 튼튼하게 하는
닭마늘구이

요즘은 닭도 부위별로 판매하기 때문에
요리하기가 한결 수월하답니다. 닭다리나
닭 허벅지 살에 마늘을 듬뿍 발라 구운 후
채소나 과일과 곁들여 먹으면
맛도 영양도 좋아지지요.

재 료 ● 닭다리 3개, 양상추 1/4통, 깻잎 2장, 사과 1/2개, 녹말 4, 식용유 · 통깨 약간씩
밑간 양념 소금 0.3, 다진 마늘 3, 후춧가루 약간
조림장 간장 3, 청주 1, 설탕 1, 사과 간 것 3(또는 배 간 것)
★ 재료중 양상추, 깻잎, 사과는 상추나 양배추로 변경 가능

만 들 어 보 세 요

1 닭다리는 뼈를 발라내 넓게 저며 편 다음 칼끝으로 껍질 안쪽을 자근자근 두드린다.

2 양상추는 먹기 좋은 크기로 자르고, 깻잎은 채 썬다. 사과는 4등분한 후 씨를 빼고 납작하게
썬다.

3 ①의 손질한 닭살에 밑간 양념 맛이 배도록 10분 정도 재워둔다.

4 ③의 닭에 녹말을 고루 묻혀 녹말이 촉촉해지면 잘 달궈진 팬에 식용유를 두르고 노릇노릇
구운 후 키친타월에 올려 기름기를 뺀다.

5 우묵한 냄비에 조림장 재료를 한데 넣고 바글바글 끓어오르면 ④의 구운 닭을 넣어 약한 불
에서 조린 다음 한입 크기로 썬다.

6 채소와 과일을 접시에 담고 닭고기를 올린 뒤 통깨를 뿌린다.

1 성장
양질의 단백질이 키를 키우는
고구마양념통닭

아이들이 좋아하는 양념통닭을
사서만 드신다고요? 파는 통닭은 기름을
몇 번 어떻게 썼는지 모르지요. 기름은 여러 번
쓸수록 산패되어 눈에는 안 보이지만
해롭거든요. 집에서 깨끗한 기름에 닭을 튀겨
새콤달콤한 양념에 버무리면 믿을 수 있는
엄마표 양념통닭이 된답니다.

재 료 ● 닭 1/2마리, 고구마 2개(생략 가능), 튀김가루 1/2컵, 튀김기름 적당량, 통깨 약간
밑간 양념 다진 마늘 0.5, 청주 1, 소금 0.3, 후춧가루 약간
양념 소스 다진 마늘 2, 다진 양파 3, 설탕 3, 물 1/4컵, 고추장 2, 간장 1, 토마토케첩 1/2컵, 청주 1, 조청 4

만 들 어 보 세 요

1 닭은 깨끗이 씻은 후 먹기 좋은 크기로 잘라 물기를 제거한 다음 밑간 양념하여 30분가량 재워둔다.
  고구마는 깨끗이 씻어 물기를 닦은 후 먹기 좋게 썬다.
2 달군 팬에 식용유 1큰술을 두르고 다진 마늘과 다진 양파를 넣어 중간 불에서 노릇하게 볶는다. 나머
  지 분량의 양념 소스 재료를 한데 넣고 저으면서 1~2분간 바글바글 끓인다.
3 ①의 닭에 튀김가루를 골고루 묻혀 170℃로 달군 기름에 두 번 튀긴 다음 키친타월에 올려 기름을
  뺀다. 손질한 고구마도 노릇하게 튀긴다.
4 볼에 튀긴 닭을 담고 ②의 소스를 끼얹어 고루 버무린다.
5 튀긴 고구마와 닭을 어울리게 담고 통깨를 뿌린다.

T I P 볼에 튀긴 닭을 넣고 소스를 끼얹어가며 버무려야 양념이 골고루 묻고 바삭한 식감을 살릴 수 있다. 닭고기를 튀길
때 바삭하게 튀기는 것도 중요하지만 자칫 너무 오래 익히면 딱딱해지는 경우가 있으므로 온도를 적당히 조절해가면서
튀겨야 한다. 양념장에 고추장 대신 간장을 넣어 조려도 좋고, 아이들이 어려 매운맛이 걱정된다면 고추장을 빼고 간장과
케첩만 사용해도 좋다.

1 성장 세포조직을 생성해서 성장을 돕는
닭가슴살 샐러드

고단백 저칼로리의
부드럽고 연한 닭가슴살을 기름에 튀겨
채소류와 어우러지게 담은 다음,
달콤한 드레싱을 뿌려내면 양질의
단백질 섭취는 물론 비타민의 흡수율도
높아진답니다.

CHICKEN

재 료 ● 닭가슴살 2쪽, 양상추 5장, 비타민 약간, 방울토마토 8개, 달걀 2개, 우리 밀가루 3, 빵가루 1/2컵, 튀김기름 적당량 닭고기 밑간 소금 · 후춧가루 약간씩, 청주 0.2
드레싱 마요네즈 2, 플레인 요구르트 2, 머스터드 1, 꿀 1, 소금 약간

★ 재료중 채소류는 상추, 양배추 등으로 변경 가능

만 들 어 보 세 요

1 닭가슴살은 저미듯 손질한 후 먹기 좋은 크기로 잘라 닭고기 밑간한다.

2 양상추와 비타민은 씻어 먹기 좋게 잘라 냉수에 30분 정도 담근 후 건져 먹기 좋게 뜯어놓고, 방울토마토는 2등분한다.

3 달걀 2개는 10분 정도 삶아 익힌 후 4등분하고, 달걀 1개는 풀어서 달걀물을 만든다.

4 ①의 닭가슴살에 밀가루를 묻히고 달걀물, 빵가루 순서로 튀김옷을 입혀 170℃ 튀김기름에 튀긴 후 기름을 뺀다.

5 분량의 재료를 합하여 드레싱을 만든다.

6 채소와 닭가슴살을 어울리게 담고 드레싱을 곁들인다.

TIP

보통 남도 지방의 김치가 맵고 짠 경우
가 많은데, 이는 고추의 매운맛이 저장성을
높여 더운 기후에 알맞기 때문이다. 고추의 매
운맛인 캡사이신은 에너지 대사 작용을 활발하
게 해 체내 지방을 연소시키고 체내 지방 축
적을 막아 다이어트에도 효과가 있다.

김치는 우리나라 전통식품이자 건강식품이다. 또한 지방 함량이 낮은 저칼로리 식품으로 주
재료가 무, 배추 같은 채소이기 때문에 섬유소의 함량이 높아 장 운동을 원활히 하며 당류
및 콜레스테롤의 체내 흡수를 낮춰주는 작용을 한다. 여기에 유산균까지 풍부해 장내 유해
세균의 생육을 억제해 세계 5대 건강식품으로도 손색없다. 김치의 효능을 제대로 살리려면
생김치보다는 익힌 김치를 먹는 것이 더 효과적이다. 김치 숙성 과정 중 발생하는 젖산균은
새콤한 맛을 더할 뿐만 아니라, 장내 다른 유해균의 작용을 억제해 이상 발효를 막으며 병원
균을 물리친다. 김치는 한 종류만 먹지 말고 여러 종류를 골고루 먹는 것이 좋다.

제철 사철

같이 먹으면 좋아요 김치는 알칼리성 식품으로 산성인 육류와 함께 먹으면 영양 밸런스가
뛰어나며, 풍부한 유기산을 함유해 단백질의 소화를 돕는다.

좋은 재료 선택하기 김치의 맛과 영양은 숙성 온도에 따라 달라진다. 일반적으로 냉장고에
서 2~3주간 숙성시킨 김치가 맛도 가장 좋고, 비타민의 함량이 원재료보다 높아져 영양가
도 높다.

조리 포인트 김치의 간을 세게 해서 담그면 쉽게 익지 않고, 저염 김치는 유산균이나 유기
산 등 유용한 물질의 생성이 활발해진다. 단, 염도가 낮으면 쉽게 변하는데 이때 매실청을
넣으면 짠맛은 낮추면서 쉽게 변하는 것을 막을 수 있다.

이렇게 보관하세요 김치는 보관법에 따라 맛이 변화하기 쉬운데, 공기와 접촉을 최대한 적게
해 저온에서 보관하는 것이 좋다.

1-1

1-2

2

1 성장

장을 튼튼히 하여 영양소의 흡수를 돕는
김치청포묵샐러드

재료 ● 청포묵 1/2모, 김치 100g, 쇠고기 50g, 오이 1/2개, 달걀 1개, 참기름 1, 소금·깨소금·식용유 약간씩

고기 양념 간장 0.5, 설탕 0.3, 참기름 0.2, 깨소금 0.2, 다진파·다진마늘 약간씩

★ 재료중 오이와 달걀은 생략 가능

만 들 어 보 세 요

1 청포묵은 1cm 정도 두께로 잘라 채 썬 다음 참기름과 소금으로 밑간한다. 묵이 단단하게 굳었을 때는 끓는 물에 1~2분가량 데쳐 투명해지면 찬물에 헹궈 면 포 등으로 물기를 뺀 후 밑간한다.

2 김치는 양념을 털고 물에 씻어 줄기 부분을 7cm 길이로 자른 다음 채 썰어 참 기름과 깨소금으로 밑간한다.

3 쇠고기는 채 썰어 고기 양념으로 조물조물 버무려 재운다.

4 오이는 돌려 깎아 채 썬 후 소금에 살짝 절여 물기를 짠 다음 센 불에 볶는다.

5 달군 팬에 ③의 쇠고기를 넣어 물기 없이 볶는다(쇠고기는 약한 불에서 볶아야 덩어리지지 않는다).

6 볼에 달걀을 풀고 달군 팬에 식용유를 조금만 둘러 달걀지단을 부친 뒤 한 김 식혀 채 썬다.

7 볼에 청포묵, 김치, 볶은 오이, 볶은 쇠고기를 한데 담고 젓가락으로 버무린다.

8 접시에 ⑦의 청포묵샐러드를 담고 달걀지단을 올린다.

3, 4

묵은 칼로리가 낮아 다이어트에도
효과적이며 식감이 젤리와 비슷해 아이들이
좋아하지요. 묵을 무칠 때 김치 줄기 부분을
채 썰어 같이 무치면 아삭아삭한 김치가
식감을 더욱 좋게 한답니다.

1 성장
빈혈을 예방하고 뼈를 튼튼하게 하는
김치게살그라탱

아이가 밥을 잘 안 먹으려고 할 때가
엄마들은 가장 속상한 것 같아요.
이럴 때는 게살과 다진 김치를 넣은 밥을
게딱지에 담고 치즈를 올려 그라탱을
해줘보세요. 아이가 신기한 마음에 한 그릇
뚝딱 비운답니다. 게는 철분 함량이 높은데,
김치와 함께 먹으면 철분의 체내 흡수가
더욱 좋아지지요.

재 료 ● 꽃게 2마리, 김치 50g, 밥 2공기, 모차렐라 치즈 50g, 설탕 0.3, 참기름 0.3

만 들 어 보 세 요

1 손질한 게는 한 김 오른 찜통에 넣어 10분가량 찐 후 살은 발라내고 게딱지는 따로 둔다.

2 김치는 양념을 털고 송송 썰어 물기를 꼭 짠 다음 참기름과 설탕으로 밑간한다.

3 볼에 밥을 담고 게살과 김치를 넣어 고루 섞은 후 게딱지에 담고 모차렐라 치즈를 올린다.

4 ③의 게딱지를 170℃로 예열한 오븐에 넣어 치즈가 녹을 정도로 10분가량 굽는다. 오븐이 없다면 한 김
   오른 찜통에 넣고 쪄도 된다.

게 손질하기

손질 법 ● ❶ 껍질 부분을 칫솔로 문질러 깨끗이 씻는다. ❷ 등딱지를 떼어낸다.
❸ 몸통에 붙어 있는 아가미를 떼어낸다. ❹ 입 부분에 있는 딱딱한 것을 떼어낸다.

장을 튼튼하게 하는
1 성장 백김치

매운맛이 없는 담백한 백김치는 아이들이 먹기 참 좋아요. 백김치를 맛있게 만들려면 양념을 넣고 버무린 후에 찹쌀풀로 국물을 만들어 배추가 잠길 정도로 부어 국물 안에서 익혀야 한답니다. 배추김치보다 오랫동안 저장하기는 어려우므로 한번에 너무 많은 양을 만들지 말고 3주 정도 안에 먹을 수 있는 양을 만드는 것이 좋아요.

재 료 ● 배추 1포기(2~2.5kg), 굵은 소금 2컵, 물 4ℓ(20 컵), 무 300g, 실파 30g, 미나리 50g, 배 1/2개, 실고추 10g, 밤 2개, 대파 2대, 마늘 5쪽, 생강 1톨, 소금 2 국물 재료 찹쌀풀 1/2컵, 물 10컵, 소금 1/2컵
★ 재료중 미나리, 배, 실고추, 밤은 생략 가능

만 들 어 보 세 요

1 배추는 겉잎을 떼어낸 뒤 칼집을 넣어 반으로 가른다.

2 물(4ℓ)에 굵은 소금(1½컵)을 넣고 잘 풀어 배추를 소금물에 적신 다음 줄기 사이사이 소금(1/2컵)을 뿌린다.

3 절인 배추는 2~3회 헹군 다음 체에 엎어두어 물기를 제거한다.

4 무와 배는 둥글고 얇게 썬 다음 0.3cm 정도 두께로 채 썬다.

5 밤은 얇게 저민 뒤 채 썬다. 실고추는 짧게 썰고, 쪽파는 4cm 정도 길이로 썬다. 잎을 제거하여 손질한 미나리는 4cm 정도 길이로 썰고, 마늘과 생강, 대파는 채 썬다.

6 국물 재료를 만든다. 찹쌀가루 3큰술을 물 1컵에 넣고 푼 후 저으면서 끓여 걸쭉하게 풀을 쑨다. 물(10컵)에 찹쌀풀을 섞은 후 소금(1/2컵)으로 간을 한다.

7 ④와 ⑤의 채소를 모두 섞은 후 소금간을 약간 싱겁게 해서 고루 버무린다.

8 두꺼운 줄기 부분에 양념이 더 많이 들어가도록 사이사이 양념을 넣어 겉잎으로 감싼 다음 통에 담는다.

9 ⑥의 물을 김치가 잠길 정도 붓고 상온에서 익힌 후 냉장고에서 보관한다.

두부

TIP

두부는 얼면 푸석거리면서 맛이 없어진다. 언 두부
를 어디에 쓸지 몰라 고민하게 되는데, 언 두부를 작게
잘라 된장찌개에 넣으면 생각보다 잘 어울린다. 예전엔 겨
울철에 두부를 일부러 바깥에 내놓아 얼린 다음 바싹 말려
찌개나 탕에 사용하기도 했고, 중국에서는 동도우푸(冬쯔
腐)라는 얼린 두부를 중국식 샤브샤브인
훠궈에 넣어 먹기도 한다.

두부는 저지방 단백질 식품이다. 콩은 섬유소 및 펙틴질이 많아 조직이 단단하기 때문에 그
대로 가열할 경우에는 소화가 잘 되지 않는다. 하지만 두부는 콩을 가공해서 만들기 때문에
95%의 높은 흡수율을 보인다. 또한 수분 함량이 높아 쉽게 포만감을 느낄 수 있고, 낮은 칼
로리로 양질의 단백질을 섭취할 수 있다. 성장기에 가장 중요한 영양소가 단백질인 만큼 아
이에게 두부를 이용한 요리를 자주 해주면 좋다. 두부는 콩보다 체내 소화 흡수율이 높기 때
문에 아이들의 성장에 매우 좋은 식품이다. 뿐만 아니라 두부에 풍부한 마그네슘은 신경을
안정시키는 작용을 한다. 우리 몸은 스트레스를 받으면 마그네슘과 칼슘을 몸 밖으로 배출
하는데, 미네랄이 풍부한 두부를 섭취하면 부족한 마그네슘과 칼슘을 보충할 수 있다.

제철 사철

같이 먹으면 좋아요 쌀이 주식인 우리 식단에서는 라이신 등 필수아미노산이 부족하기 쉬
운데, 두부에 풍부하게 함유된 단백질이 이러한 단점을 보완해줄 수 있다. 또한 두부를 먹을
때 레몬즙을 곁들이면 식욕을 돋울 뿐만 아니라 위액의 분비를 활발하게 해 단백질의 소화
흡수를 돕는다.

좋은 재료 선택하기 두부는 압착하는 정도, 즉 수분 함량에 따라 부드럽기가 달라진다. 오래
압착하면 단단한 부침·조림용 두부가 되고, 약하게 압착하면 수분이 많고 부드러워 찌개용
으로 좋은 연두부가 된다.

조리 포인트 두부는 오래 끓이지 않는 게 좋은데, 간한 국물이 끓어오른 후 마지막에 넣어
야 부드럽게 먹을 수 있다.

이렇게 보관하세요 팩을 뜯지 않은 두부는 간수에 담겨 있는 것과 같으므로 포장을 뜯지 않
은 상태라면 유통기한보다 이틀 정도는 더 보관할 수 있다. 팩을 뜯었다면 연한 소금물에 푹
잠기게 두고 매일 물을 갈아주면 일주일쯤 보관 가능하다. 그러나 손두부나 연두부는 1~2일
만 지나도 상하므로 바로 먹도록 한다.

성장
양질의 단백질이 풍부한
두부북엇국

두부와 북어를 넣고 끓인 국으로,
두부의 양을 늘리면 간단한 한 끼 식사로도
손색없어요. 또한 북어를 물에 충분히
불린 다음 무와 함께 볶은 후 끓여야 뽀얀
북엇국이 된답니다. 북어는 지방이 적어
담백한 맛이 특징인데, 음식을 만들 때
들기름을 사용하면 잘 어울려요.

재 료 ● 북어 1마리(북어포 50g), 무 200g, 연두부 1/2모, 파 2대, 다진 마늘 1, 들기름 1(또는 참기름),
물 5컵, 소금 · 후춧가루 약간씩

만 들 어 보 세 요

1 북어는 대가리를 떼어내고 껍질과 가시를 발라낸 후 잘게 찢어 물에 잠깐 불린다. 물기를 꼭 짠 다음
　볼에 담고 분량의 다진 마늘, 들기름으로 양념한다.

2 무는 얄팍하고 네모지게 썰고, 대파는 어슷하게, 연두부는 사방 1cm 크기로 썬다.

3 달군 냄비에 들기름을 약간 두르고 ①의 북어와 무를 넣고 볶다가 물을 붓고 끓인다.

4 ③이 바글바글 끓다가 무가 투명하게 익으면서 국물이 뽀얀 색이 되면 연두부를 넣는다.

5 ④에 파를 넣고 한소끔 끓어오르면 소금과 후춧가루로 간을 맞춘다.

T I P 북어를 손질할 때 북어 대가리는 버리지 말고 두었다가 육수를 만들 때 넣고 푹 끓이세요.
북어는 해독 작용이 뛰어나며 깊은 맛을 내면서도 시원하답니다.

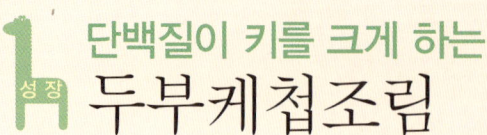

성장

단백질이 키를 크게 하는
두부케첩조림

두부케첩조림은 어릴 때
어머니가 도시락 반찬으로 자주 싸주시던
음식입니다. 도시락을 펼치면 친구들이
더 좋아한 반찬이었죠. 두부를 안먹는 아이들도
너무 잘먹는답니다.

재 료 ● 두부(부침용) 1모, 녹말 5, 양파 1/4개, 당근 1/4개, 브로콜리 1/2송이, 튀김기름 적당량
소스 토마토케첩 7, 고추장 0.3, 조청 3, 매실청 1, 다진 마늘 1 ★ 재료중 양파, 당근은 생략 가능

만 들 어 보 세 요

1 두부는 가볍게 물기를 제거한 다음 사방 2cm 크기로 썰어 소금간을 한다. 10분가량 그대로 뒀다가 키친타월로 물기를 걷는다.

2 ①의 두부에 녹말을 입힌 다음 달군 팬에 기름을 넉넉하게 두르고 노릇하게 튀긴다.

3 양파와 당근은 굵게 다진다.

4 달군 팬에 기름을 두르고 다진 마늘을 볶다가 양파와 당근을 넣고 볶는다. 나머지 소스 재료를 넣고 바글바글 끓이다가 ②의 튀긴 두부를 넣고 버무린다.

5 브로콜리는 송이송이 잘라 끓는 소금물에 데쳐 물기를 뺀 후 ④에 버무린다.

T I P 두부의 물기를 잘 뺀 후 녹말을 묻혀야 튀김옷이 두꺼워지지 않는다. 녹말 옷이 너무 두꺼우면 두부가 딱딱해지고 양념이 많이 묻으니 녹말 옷은 살짝만 묻히도록 한다. 브로콜리는 먹기 직전에 섞어야 물이 나오지 않는다.

1 성장
성장 호르몬의 생성을 돕는
두부선

두부선은
우리 전통음식이에요.
보통 두부를 기름에 부치면 칼로리가
높아지는데, 다진 두부에 담백한 닭살을
섞어 찐 음식으로 매우 부드럽고 담백해
아이들이 먹기에 좋답니다.

재 료 ● 두부 1/2모, 닭가슴살 50g, 생표고버섯 1개, 달걀 1/2개, 쑥갓 · 소금 · 식용유 약간씩
양념 다진 파 1, 다진 마늘 0.5, 간장 0.3, 소금 0.2, 참기름 0.3, 깨소금 0.3, 후춧가루 약간
초간장 연겨자 1, 식초 1 , 물 1, 설탕 1, 마요네즈 1, 간장 0.2
★ 재료중 생표고버섯과 달걀, 쑥갓은 생략 가능

만 들 어 보 세 요
1 두부는 도마에 으깬 후 젖은 면포에 싸서 물기를 꼭 짠다.
2 닭가슴살은 곱게 다지고, 표고버섯은 밑동을 잘라 곱게 다진다.
3 볼에 두부, 닭고기, 표고버섯을 담고 분량의 양념을 넣어 고루 치댄다.
4 달걀은 볼에 풀어 소금간을 한 다음 달군 팬에 식용유를 두르고 얇게 부쳐 따뜻할 때 돌돌 말아 채 썬다.
5 젖은 면포에 ③의 반죽을 올린 후 평평한 모양을 만들어 한 김 오른 찜통에 10분 정도 찐 후 채반
   에 밭쳐 식힌다.
6 ⑤의 두부선이 식으면 먹기 좋게 썰어 달걀지단과 쑥갓을 작게 잘라 올리고 초간장을 곁들여낸다.

T I P 두부선에 들어가는 파와 마늘은 곱게 다져야 식감도 좋고 모양도 좋다. 표고버섯은 마른 표고버섯을 물에 불려
써도 된다.

새우

TIP
등 쪽에 있는 내장은 쌉쌀하고 모래
같은 게 씹히므로 이쑤시개나 꼬챙이를 이용해
등 껍데기 두 번째 마디 사이를 찔러 내장을
꺼낸다. 새우 대가리의 노란 부분은 특유의
감칠맛 성분이 있으므로 대가리만 모아
된장국의 밑국물을 내는 데 쓰면 좋다.

새우는 양질의 단백질과 칼슘, 무기질, 비타민 B 등이 풍부하며 체내에서 합성되지 않기 때문에 꼭 식품으로 섭취해야만 하는 필수아미노산이 골고루 들어 있다. 특히 새우에 들어 있는 필수아미노산 중 아르지닌은 어른은 체내에서 합성할 수 있지만 어린이는 음식물을 통해 섭취해야 하는데, 성장 호르몬의 합성에 관여해 근육을 강화하며 성장을 돕는다.

말린 새우는 생새우에 비해 영양 성분이 농축돼 있는데 단백질, 칼슘, 아연, 비타민 B와 E 등의 함량이 높다. 또한 새우는 칼슘이 풍부한 껍데기까지 먹을 수 있어 뼈 건강에도 도움이 된다. 단, 새우는 알레르기를 유발하기 쉬운 식품이므로 유아에게는 조심해서 먹이는 것이 좋다.

제철 가을철에는 새우의 감칠맛을 내는 글리신의 함량이 높아져 맛이 좋다.

같이 먹으면 좋아요 새우에는 비타민 C가 부족하므로 과일이나 채소 등 비타민이 풍부한 식품과 함께 먹는 것이 좋다.

좋은 재료 선택하기 껍데기가 단단하고, 관절을 구부려봤을 때 탄력이 있으며 대가리나 다리가 제대로 붙어 있으면 신선한 것이다. 냉동 새우의 경우 포장에 성에가 낀 것은 얼렸다 녹였다를 반복한 것이므로 구입하지 않도록 한다.

조리 포인트 튀김을 할 때 꼬리 부분에 달려 있는 삼각형 물집을 떼어내면 기름이 튀지 않는다.

이렇게 보관하세요 내장을 제거하고 흐르는 물에 씻어 물기를 뺀 후 한 번 먹을 만큼씩 비닐팩에 담아 얇게 펴서 냉동실에 보관한다.

1 성장
근육과 뼈를 강화하는
케첩새우튀김

재 료 ● 새우 200g, 달걀흰자 1/2개 분량, 녹말 5, 튀김기름 적당량
새우 밑간 청주 0.5, 소금 약간 **토마토케첩 소스** 토마토케첩 1/2컵, 설탕 3,
양파 1/4개, 당근 1/4개(생략 가능), 대파 1/2대, 생강 1/2톨, 마늘 2쪽

만들어보세요

1 새우는 등 쪽 두 번째 마디에 꼬챙이를 넣어 내장을 뺀 뒤 마지막 마디만
   남겨놓고 껍질을 벗긴 다음 새우 밑간한다.
2 양파, 당근은 사방 0.7cm 크기로 저미고, 대파, 생강, 마늘은 굵게 다진다.
3 볼에 달걀흰자, 녹말을 넣고 반죽해 튀김옷을 만든다. ①의 새우에 튀김옷
   을 입혀 170℃로 달군 기름에 바삭하게 튀긴다.
4 달군 팬에 기름을 두르고 파, 생강, 마늘, 양파, 당근을 넣어 볶는다.
5 ④의 볶은 채소에 토마토케첩과 설탕을 넣고 설탕이 녹으면서 전체적으로
   어우러지게 바글바글 끓인다.
6 ⑤의 소스에 ③의 튀긴 새우를 넣고 재빨리 버무린다.

T I P 케첩새우튀김은 대가리와 껍데기까지 있는 중하나 대하로 만들어도 좋지만 마트에
서 손질해서 파는 냉동 새우를 이용하면 더 손쉽게 만들 수 있다. 냉동 새우 가운데 분홍빛
을 띠는 자숙 새우는 한 번 익혀서 냉동한 것이고, 껍데기만 벗겨 냉동한 새우는 회색빛을
띤다. 맛은 회색빛 냉동 새우가 더 좋다.

새우는 아이들이 참 좋아하죠.
특히 케첩새우튀김은 흔한 재료를 이용해
솜씨를 조금만 발휘하면
근사한 요리가 된답니다.

성장

칼슘이 풍부해 뼈까지 건강해지는
마른새우콩볼

재료 ● 마른 새우 1/4컵, 흰콩 1/2컵, 당근 1/6개, 깻잎 3장, 녹말 2,
달걀 1/2개, 소금 0.3, 튀김기름 적당량

★ 재료중 당근과 깻잎은 생략 가능

만들어보세요

1 마른 새우는 면보에 싸서 비벼 억센 더듬이와 발 등을 손질한다.
2 콩은 5시간 정도 찬물에 불린 후 15분 정도 삶은 다음 건
  져 믹서로 간다.
3 당근과 깻잎은 잘게 다진다.
4 볼에 ①의 손질한 새우와 간 콩, 당근, 깻잎, 녹말,
  달걀을 한데 넣어 반죽한 뒤 소금으로 간한다.
5 손에 물을 약간 바르고 둥글게 모양을 빚어 160℃
  로 달군 기름에 바삭하게 튀긴다.

TIP 콩을 좀 넉넉히 불려 삶아두었다가 납작하게 펴서 냉동실에 넣
어두면 필요할 때마다 해동해 쓸 수 있어 편리하다.
마른새우콩볼 반죽을 기름을 넉넉히 두른 프라이팬에 부쳐도
맛이 좋다.

> 칼슘이 풍부한
> 마른 새우는 튀기면 바삭해져서
> 먹기가 좋아진답니다.

체력을 높이는

새우크림스파게티

성장 호르몬이 들어 있는 새우를 먹을 때 새우에 부족한 비타민C를 섭취하도록 여러 채소를 함께 넣어 스파게티를 만들어 먹으면 레스토랑 스파게티가 부럽지 않답니다.

재 료 ● 스파게티 면 300g, 새우 12마리, 홍합 6개, 양송이버섯 5개, 다진 양파 1/4개 분량, 빨간 파프리카 1/2개, 브로콜리 1/6송이, 생크림 2컵, 우유 1컵, 파르메산 치즈 가루 2, 후춧가루 약간, 올리브유 1(또는 식용유)

★ 재료중 홍합, 파프리카, 브로콜리, 파메르산 치즈 가루는 생략 가능

만 들 어 보 세 요

1 새우는 내장을 빼고 심심한 소금물에 씻어 물기를 뺀다. 홍합은 껍데기를 비벼 문질러 씻어낸 후 검은 실 같은 족사를 떼어낸다.

2 브로콜리는 작은 송이로 떼어 끓는 소금물에 살짝 데쳐 찬물에 헹궈놓고, 파프리카는 사방 2cm 크기로 자른다. 양송이는 껍질을 벗기고 납작하게 썬다.

3 넉넉한 물에 소금을 약간 넣고 끓어오르면 면을 넣어 10분 정도 삶는다.

4 팬을 달군 다음 식용유를 넣고 다진 양파를 넣어 투명해질 때까지 볶는다.

5 ④에 손질한 양송이버섯을 넣는다. 수분이 나오는 것을 막기 위해 강한 불에서 볶다가 새우와 홍합을 넣고 볶는다.

6 볶은 재료에 생크림과 우유를 붓고 끓인다. 파르메산 치즈 가루(1.5)를 넣고 2분 정도 더 끓인다.

7 ⑥의 소스에 면과 파프리카를 넣고 버무린 후 후춧가루, 파르메산 치즈 가루 약간씩을 뿌린다.

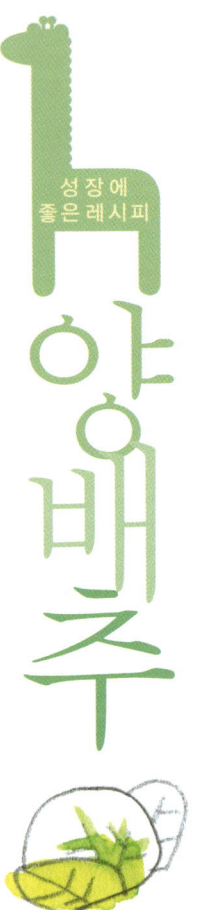

성장에
좋은 레시피

양배추

TIP
양배추 심은 단단해서 잘라낸 후 조리하는 경우가 많은데 심과 푸른잎 부분에 비타민이나 섬유질 등의 영양이 많으니 얇게 썰어 모두 먹는 것이 좋다.

양배추는 다른 채소보다 무기질과 비타민의 함량이 높다. 항산화 작용을 하는 베타카로틴과 비타민 C, 점막을 보호하고 궤양을 막아주는 비타민 U와 K가 서로 힘을 합쳐 세균과 바이러스를 소멸시키고 자연 치유될 수 있도록 돕는다. 칼슘의 함량도 높을 뿐 아니라 양배추 내의 비타민 K가 칼슘 흡수를 돕기 때문에 성장기 어린이에게 특히 좋다.

이러한 양배추는 익혀 먹는 것보다 생으로 섭취할 때 비타민 U가 파괴되지 않아 더욱 좋다. 비타민 U는 위 점막을 튼튼하게 하고 위벽이 헐거나 늘어졌을 때 회복시키는 역할을 해 위를 튼튼하게 만든다. 아무리 좋은 음식을 먹어도 위나 장에서 받아들이지 못한다면 성장에 도움이 되지 않는다. 양배추를 꾸준히 먹어 위가 튼튼해지면 음식을 먹었을 때 영양의 흡수가 높아지니 성장에 도움이 된다.

제철 사철

같이 먹으면 좋아요 쌀밥에 부족한 필수아미노산인 라이신이 풍부해 밥과 같이 먹으면 좋다. 또한 레몬의 유기산이 양배추의 칼슘을 효과적으로 흡수하도록 도와준다.

좋은 재료 선택하기 모양이 고르고 단단하며 무거운 것이 단맛이 강하다. 밑동이 흰색을 띠는 것이 신선하다.

조리 포인트 양배추에 풍부한 비타민 C와 U는 열에 약해 생으로 먹는 것이 가장 좋으며, 양배추 특유의 향을 없애려면 식초와 함께 조리하면 된다.

이렇게 보관하세요 밑동의 심을 도려낸 뒤 그 부분에 물을 흠뻑 적신 키친타월을 채워 넣고 비닐랩으로 감싸 냉장실에 둔다. 이렇게 하면 줄기가 물을 흡수해 일주일 정도 싱싱하게 보관할 수 있다. 물에 씻은 양배추는 적당한 크기로 썰어 비닐팩에 담아 보관하되, 하루 이상은 넘기지 않는다.

위를 튼튼하게 하는
양배추스프링롤

성장

재 료 ● 양배추 1/8통, 느타리버섯 50g(생략 가능), 새우살 100g, 라이스페이퍼 8장,
소금 · 물 적당량, 후춧가루 약간
소스 땅콩버터 2, 땅콩 1, 식초 1, 설탕 1, 소금 0.2

만들어보세요

1 양배추는 굵게 채 썰어 소금과 물을 넣고 버무려 30분가량 절인다.

2 느타리버섯은 양배추와 비슷한 길이로 찢는다.

3 절인 양배추는 면포에 싸서 물기를 짠 후 센 불에서 느타리버섯과 함께 볶아
   식힌다.

4 새우는 달군 팬에 소금과 후춧가루를 넣고 볶아 ③과 섞는다.

5 라이스페이퍼를 40℃ 정도의 따끈한 물에 살짝 담갔다 꺼내 접시에 펴놓은 뒤
   ③의 양배추볶음과 ④의 볶은 새우를 놓고 동그랗게 만다.

6 땅콩을 굵게 다져 땅콩버터에 식초와 함께 넣은 후 나머지 소스 재료를 섞어서
   양배추스프링롤과 곁들인다.

칼슘 함량이 높은
양배추를 볶아
라이스페이퍼에 싸면
색다른 양배추 맛을 느낄 수
있지요. 춘권피에 싸서
튀겨도 아주 좋아요.

1
성장
뼈를 튼튼하게 하는
양배추피클

재 료 ● 양배추 1/4통, 붉은 양배추 1/8통 **단촛물** 식초 · 설탕 · 물 1컵씩, 소금 2

만들어보세요

1 양배추와 붉은 양배추는 깨끗이 씻어 먹기 좋은 크기로 자른다.

2 냄비에 물, 설탕, 소금을 한데 넣고 끓어오르면 불을 끈 다음 식초를 부어 단촛물을 만든다.

3 ①을 단촛물에 버무린다. 양배추의 2/3 정도까지만 잠길 정도로 부어두면 5~6시간 후 양배추에서
   물이 배어나와 양배추가 저절로 잠긴다.

4 밀폐 용기에 담아 공기가 통하지 않도록 꼭꼭 눌러 담아 하루 정도 익혔다가 먹는다.

T I P 절임 단촛물에 담그지 않고 공기와 접촉하면 양배추가 쉽게 상한다. 따라서
무거운 것으로 눌러 공기와 접촉을 최소화하는 것이 좋다. 비닐팩에 담아 공기를 빼
묶어두면 절임 단촛물을 절약할 수 있다.

토마토

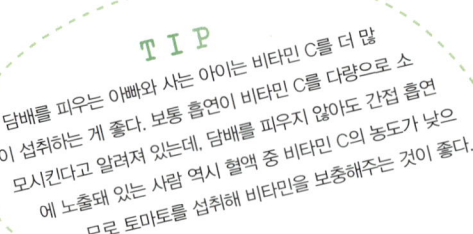

TIP

담배를 피우는 아빠와 사는 아이는 비타민 C를 더 많이 섭취하는 게 좋다. 보통 흡연이 비타민 C를 다량으로 소모시킨다고 알려져 있는데, 담배를 피우지 않아도 간접 흡연에 노출돼 있는 사람 역시 혈액 중 비타민 C의 농도가 낮으므로 토마토를 섭취해 비타민을 보충해주는 것이 좋다.

토마토는 강력한 항산화 효과로 몸의 유해 산소를 파괴한다. 토마토는 다양한 색을 띠는데 빨간색의 리코펜 외에도 황색 색소인 카로틴과 그 밖에 다양한 색소를 포함하고 있기 때문이다. 토마토의 강한 항암 효과를 내는 성분은 붉은색을 내는 리코펜이다. 리코펜은 익혀 먹으면 체내 흡수율이 더 좋은데, 세포막과 섬유질이 풍부한 토마토 세포막이 부드러워져 흡수를 쉽게 한다. 토마토의 산미는 피로를 회복시켜주며, 몸을 차게 하는 성질이 있어 갈증이 나거나 몸이 뜨거울 때 먹으면 좋다.

제철 여름

같이 먹으면 좋아요 올리브유가 토마토에 함유된 리코펜의 흡수를 돕는다. 육류와 같이 먹으면 단백질의 소화를 도와준다.

좋은 재료 선택하기 토마토는 붉게 익은 것이 영양가가 더 높다. 속이 꽉 차야 단단하므로 꼭지가 달린 부분이 굴곡 없이 매끈한 게 좋다. 또한 꼭지가 붙어 있는 것을 사야 수분이 쉽게 증발하지 않아 오랫동안 신선함을 유지할 수 있다.

조리 포인트 토마토를 가열하면 붉은 색소인 리코펜이 체내에 더 쉽게 흡수된다. 또한 껍질을 벗겨 끓인 후 주스를 만들면 오랫동안 변하지 않고 영양분의 흡수도 증가시킬 수 있다. 토마토의 단맛을 더하기 위해 설탕을 뿌려 먹는 것은 잘못된 습관으로, 비타민 B$_1$의 흡수가 떨어진다. 오히려 소금을 약간 뿌려 먹으면 소금이 토마토의 단맛을 높여줘 맛있게 먹을 수 있다.

이렇게 보관하세요 토마토는 꼭지를 위로 향하게 보관해야 잘 썩지 않는다. 덜 익은 토마토를 샀다면 바로 냉장고에 넣지 말고 상온에서 붉은색이 될 때까지 익힌 후 냉장고에 넣는다. 냉장고에 오랫동안 보관해두면 물렁물렁해지므로 한꺼번에 너무 많은 양을 사지 않는 게 좋다. 먹기 직전에 냉장고에 넣어 차가워졌을 때 먹는 것이 좋고, 비닐랩으로 싸거나 비닐봉투에 담아 그늘에서 상온 보관해도 된다.

토마토의 항산화 효과를 높인
1 성장
토마토닭찜

닭찜에 토마토를 넣으면 시원한
맛이 나는 이탈리아식 닭찜이 돼요.
토마토는 닭과 먹으면 항산화 효과가
높아진답니다.

재 료 ● 닭 1/2마리, 감자 1개, 양파 1개, 당근 1/2개, 토마토 2개, 다진 마늘 1, 대파 1/2대, 고추장 1, 고춧
가루 1, 청주 2, 물 1컵, 식용유 · 소금 · 후춧가루 약간씩   ★ 재료중 감자, 양파, 당근은 선택 가능

만 들 어 보 세 요

1 닭은 먹기 좋은 크기로 자른 후 소금, 후춧가루로 밑간한다.

2 뜨겁게 달군 팬에 기름을 두르고 ①의 닭고기를 노릇노릇하게 구운 다음 키친타월에 올려 기름기를 뺀다.

3 감자, 양파, 당근은 먹기 좋게 자르고, 토마토는 꼭지를 따 4등분한다.

4 냄비에 식용유를 약간 두르고 다진 마늘을 볶다가 감자, 당근, 양파를 넣어 볶은 다음 ②의 닭과 토마토를
  넣고 물을 부어 끓인다.

5 ④가 반쯤 익으면 고추장, 고춧가루, 청주, 어슷 썬 대파를 넣은 다음 뚜껑을 덮고 불을 줄여 20분 정도
  끓이다가 소금, 후춧가루로 간한다.

항산화 효과가 뛰어난
토마토치즈그라탱

₁ 성장

토마토의 붉은색을 내는
라코펜은 익혀 먹으면 체내 흡수율이
상승하지요. 이때 치즈와 함께하면
흡수율이 더 좋아진답니다.

재 료 ● 방울토마토 20개, 소금 약간, 올리브유 1(또는 식용유), 모차렐라 치즈 50g

만 들 어 보 세 요

1 방울토마토는 깨끗이 씻어 물기를 빼고 껍질 부분에 십자로 칼집을 낸다.

2 내열 그릇에 토마토를 담고 소금 약간과 올리브유를 두른 후 치즈를 고루 뿌린다.

3 200℃로 달군 오븐에 토마토를 넣고 치즈가 노릇해지고 토마토가 익을 때까지 10~15분가량 굽는다.

1 성장 단백질 소화를 돕는
토마토장아찌

덜 익은 푸른 토마토로 장아찌를
만들어보세요. 아삭한 식감에 매우 맛이 좋고,
특히 고기나 기름진 음식과
아주 잘 어울린답니다.

good luck!

good luck!

재 료 ● 미숙 토마토 5개 **장아찌 국물** 간장 1/2컵, 물 1/2컵, 매실청 1/2컵(또는 설탕), 식초 1/4컵, 설탕 2

만 들 어 보 세 요

1 토마토는 붉은빛이 없는 미숙과로 선택해 깨끗이 씻은 다음 8등분하거나 작으면 반으로 가른다.

2 냄비에 분량의 **장아찌 국물** 재료를 넣은 후 바글바글 끓으면 불을 줄여 5분간 더 끓인다.

3 ①의 토마토를 소독한 밀폐 용기에 담고 끓인 장아찌 국물을 뜨거울 때 붓는다.

4 냉장고에서 보관하여 이틀 후 장물을 따라내 한 번 더 끓인 후 식혀서 다시 부어 하루후부터 먹는다.

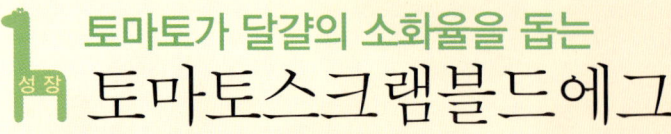

성장 1장

토마토가 달걀의 소화율을 돕는
토마토스크램블드에그

> 방울토마토는 센 불에서
> 빨리 볶아야 물이 생기지 않아 좋답니다.
> 달걀에 치즈 대신 우유 2~3큰술을
> 넣어도 부드러워져요.

재 료 ● 달걀 4개, 방울토마토 10개, 모차렐라 치즈 20g(생략 가능), 올리브유(또는 식용유) · 소금 · 후춧가루 약간씩

만 들 어 보 세 요
1 달군 팬에 올리브유를 약간 두르고 4등분한 방울토마토를 넣은 다음 소금으로 간해 살짝 볶는다.
2 볼에 달걀, 소금을 약간 넣고 잘 푼 다음 굵게 다진 치즈를 섞는다.
3 달군 팬에 식용유를 약간 두르고 ②의 달걀물을 부어 밑면이 부풀며 익을 때 저으면서 부드럽게 60% 정도 익힌다.
4 ③에 ①의 볶은 토마토를 넣고 섞은 후 후춧가루를 약간 뿌린다.

이 유 있 는
레 시 피

PART 2
사계절 면역력을 높이는 레시피

면역이란 외부의 위해 요인들로부터 우리 몸을 지키는 자기 방어 시스템이다. 의술의 아버지 히포크라테스는 면역은 최고의 의사이며, 최고의 치료법이라고 했다.

아이들이 매일 먹는 식품과 식사는 면역력을 올릴 수도, 떨어뜨릴 수도 있다. 인스턴트 식품 이나 가공 식품, 다량의 소금, 설탕은 면역력을 떨어뜨린다. 대부분의 인스턴트 식품은 자극 적이며 염분 동물성 단백질 지방의 함량은 높지만 비타민이나 무기질은 부족하여 영양 균형 이 깨지기 쉽다. 특정의 식품이나 음식이 면역력을 올리기보다는 영양적 균형을 맞춰 섭취 하는 것이 가장 중요하다.

면역력을 높이는 영양소와 식품

이런 영양소가 필요해요

단 백 질

열량과 단백질이 부족하면 면역 능력이 떨어진다. 단백질은 외부에서 침입한 병원균에 대항하는 항체 등을 구성하기 때문에 실질적인 면역 기능 향상에 매우 중요한 역할을 한다. **대표 식품 : 쇠고기 · 돼지고기 등의 육류, 달걀, 콩, 두부, 참치 · 조기 · 꽁치 등 생선, 새우 등**

지 질

다량의 지질을 섭취할 경우 면역 능력이 감소한다는 보고가 많다. 특히 식물성 식용유에 많은 불포화지방산을 과잉 섭취하거나 부족할 경우에도 면역 능력이 감소한다. 식용유는 하루에 3작은술 정도가 적당하다 **대표 식품 : 육류의 지방 부위, 식용유, 견과류, 마요네즈, 등푸른생선 등**

비 타 민

체내에서 단백질과 탄수화물 등의 영양소가 소화 흡수되기 위해 꼭 필요한 영양소이며, 감염에 대한 저항성을 높이고 몸의 기능을 조절하기 위해 필요한 영양소이다. 지용성 비타민 A · D · E 등은 필요량보다 많이 섭취할 경우 체내에 쌓여 오히려 독이 되니 주의한다

대표 식품 : 비타민 A군 ⇨ 육류나 생선의 간, 단호박, 쑥갓, 당근, 부추, 미나리, 곶감, 귤 등
비타민 B군 ⇨ 현미, 통밀빵, 간, 우유, 달걀, 돼지고기, 닭고기, 콩 등
비타민 C ⇨ 딸기, 귤, 키위, 포도, 파프리카, 고추, 양배추, 브로콜리 등
비타민 E ⇨ 명란, 땅콩, 아몬드, 해바라기씨 등

식 이 섬 유

식이섬유는 소화관에서 수분을 흡수해 장을 자극함으로써 장 운동이 활발해지게 한다. 이때 중금속이나 과산화지질 등 나쁜 물질들을 흡착해서 배설하므로 장이 깨끗해지고 독소 성분들을 배출해 면역력을 상승시킨다. **대표 식품 : 보리, 콩, 우엉, 곶감, 현미, 건포도, 각종 나물, 팥, 버섯, 브로콜리, 곤약 등**

유 산 균

유산균은 장내의 산도를 증가시켜 소장의 연동운동을 원활하게 해 소화 흡수를 촉진하고, 변비, 설사를 예방하며 독성물질의 배출을 도와 면역력 상승을 돕는다. **대표 식품 : 김치, 요구루트, 된장 · 청국장 등의 장류, 치즈 등**

미 네 랄

철분이 부족하면 저항력이 약화돼 면역력이 떨어지기 쉽다. 아연이 부족할 경우 성장 저해, 식욕 부진뿐만 아니라 상처의 회복이 지연되거나 면역 기능도 떨어진다. **대표 식품 : 철분 식품 ⇨ 간, 바지락 굴, 유부, 무청, 깻잎, 파래, 오징어, 메밀, 소간, 캐슈너트 등**

플 라 보 노 이 드

플라보노이드는 식물에 광범위하게 함유된 색소 성분으로 색이 있는 채소나 과일에 풍부하다. 비타민과 유사 물질로 동맥과 면역 시스템의 노화 속도를 늦춰준다. **대표 식품 : 녹차, 포도, 메밀, 감귤류, 블루베리, 양파 등**

우엉과 연근

TIP
우엉을 손질하다 보면 물이 들기
십상인데, 식초로 닦은 후 물로 씻으면
잘 지워진다.

TIP
연근은 비타민 C와 식이섬유가 풍부하다.
특히 다른 식품과 달리 연근의 비타민 C는 전분이 보호하기
때문에 조리를 해도 쉽게 파괴되지 않는다. 연근을 자를 때에
는 흰 실처럼 가늘게 보이는 것이 있는데 이는 점액 성분인
무신으로 위를 보호하며 기운을 나게 한다. 또한
자른 부분이 검게 변하는 것은 떫은맛이 나는
타닌 성분 때문으로 약이 된다.

우엉은 생활습관병을 예방하고 개선하는 데 매우 효과적인 식품이다. 우엉은 뿌리채소 가운데 식이섬유를 가장 많이 포함하고 있으며, 열량은 낮고 포만감은 높다. 우엉에는 셀룰로오스, 이눌린, 헤미셀룰로오스, 리그닌 같은 다양한 섬유소가 풍부하며 이 섬유소들이 장의 연동운동을 활발하게 해 배변을 돕기 때문에 도정한 곡물이나 가공 식품, 동물성 지방 등을 많이 섭취하는 식생활로 인해 생기는 독소를 배출시켜 면역력을 높인다. 우엉에는 올리고당도 풍부하게 들어 있는데, 올리고당은 장내 유산균의 일종인 비피더스균의 먹이로 유산균을 증식해 장 활성화에 도움을 준다.

제철 가을
좋은 재료 선택하기 식이섬유는 물을 흡수하면 부피가 늘어나므로 식이섬유가 풍부한 식품을 먹은 후에는 물을 충분히 마시는 것이 좋다.
좋은 재료 선택하기 뿌리가 곧고 굵기가 2cm 정도 되는 것이 좋다. 너무 굵은 것은 질기다. 우엉 껍질이 터져 있는 것은 바람이 든 것이다. 겉에 흙이 묻어 있고, 들었을 때 묵직한 것을 고른다.
조리 포인트 우엉은 껍질 쪽에서 특유의 향이 나므로 조리할 때 얇게 벗기는 것이 좋다. 칼등이나 필러를 이용해 얇게 벗겨내면 된다.
이렇게 보관하세요 껍질을 벗기지 말고 신문에 싸서 비닐팩에 담아 냉장실에 보관한다.

소화기를 튼튼하게 하는

면역력

연근찹쌀구이

재 료 ● 연근 1/4개, 찹쌀가루 1/3컵
양념 간장 간장 2, 설탕 1, 깨소금 0.3, 다진 달래(또는 실파)1, 참기름 0.3

만 들 어 보 세 요

1 연근은 껍질을 벗기고 0.7cm 두께로 자른다.

2 연근에 찹쌀가루를 듬뿍 묻혀 5분가량 둔다. 마트에서 파는 건식 찹쌀가루일
   경우에는 찹쌀가루에 물을 섞어 촉촉하게 한 뒤 연근에 입힌다.

3 팬에 기름을 넉넉히 두르고 연근을 노릇하게 지진 후 키친타월에 올려 기름을
   뺀다.

4 달래는 송송 다져 분량의 양념 간장과 섞는다.

5 ③의 연근에 ④의 양념 간장을 곁들여 낸다.

식이섬유가 풍부한
연근에 찹쌀가루를 입혀 노릇하게
구운 후 양념장을 얹으면 연근의
색다른 맛을 즐길 수 있답니다.

면역력

장을 깨끗이 하는
우엉잡채

평소 아이들이 우엉을 잘 안 먹죠.
이럴 때는 아이들이 좋아하는 잡채에
우엉을 넣어보세요. 익숙한 잡채에
든 우엉은 아이들이 거부감 없이
잘 먹는답니다.

재 료 ● 우엉 100g, 당면 100g, 각색 파프리카 1/4개씩, 양파 1/4개, 참기름 0.5, 식용유 · 통깨 약간
당면 양념 간장 1, 설탕 1, 참기름 0.5 조림장 간장 3, 조청 3, 물 3, 참기름 0.5(또는 253P 마늘조림장 참조)
★ 재료중 파프리카와 양파는 생략 가능

만 들 어 보 세 요

1 우엉은 0.2cm 굵기로 채 썰어 끓는 소금물에 2~3분가량 데친다.

2 파프리카와 양파는 채 썰어 볶아 식힌다.

3 당면은 끓는 물에 삶아 체에 밭쳐 물기를 뺀 후 당면 양념으로 양념한다.

4 냄비에 분량의 재료를 넣고 조림장을 끓이다가 데친 우엉을 넣고 서서히 졸인다. 중간중간 뒤적이면
서 졸이다가 국물이 거의 졸아들면 마지막에 참기름을 넣어 고루 섞는다.

5 달군 팬에 식용유를 두르고 파프리카, 양파, 당면, 우엉을 볶다가 참기름을 두른 후 고루 섞는다.

T I P 우엉을 졸일 때는 채 썰어 끓는 물에 데친 후 조림장에 조리면 한결 부드럽다. 데치지 않고 기름에 볶으면 조리
시간이 짧아지면서 아삭한 맛을 낼 수 있다.

+COOK 우엉조림

우엉의 섬유소가 장의 독소 배출을 돕고, 들기름이 우엉의 섬유소를
부드럽게 하면서 신체에 부족한 오메가-3를 공급해 지방산의 균형을
맞춰줘요.

재 료 ●우엉 2대, 들기름 2, 통깨 약간 조림장 간장 3, 설탕 0.5, 조청 2
만 드 는 법 ● ❶ 우엉은 칼등으로 껍질을 벗기고 어슷하게 썬다. ❷ 달군 팬에 들기름을
두르고 우엉이 투명한 색이 되도록 약한 불에서 천천히 볶는다. 들기름은 센 불에 볶으면 타기 쉽다.
❸ ②의 투명해진 우엉에 분량의 조림장 재료를 넣고 불을 약하게 한 후, 조림장이 고루 스며들도록
저으면서 조린다. ❹ ③의 우엉에 윤기가 돌고 조림장이 적당히 졸아들면 통깨를 넣고 고루 섞는다.
조림장을 너무 바특하게 졸이면 우엉이 딱딱해지므로 주의한다.

위를 튼튼하게 하는
연근샐러드

조려만 먹던 연근을 아이들이
익숙한 과일과 섞어 샐러드로
만들어주세요. 연근은 데친 후
물기 없이 버무려야 좋답니다.

재 료 ● 연근 1/4개, 사과 1/2개, 비타민 20g
드레싱 초콩 2(생략 또는 호두, 땅콩도 가능), 마요네즈 6, 꿀 1, 소금 약간
★ 재료중 과일과 채소는 냉장고에 있는 것으로 변경 가능

만 들 어 보 세 요
1 콩은 재빨리 씻어 물기를 뺀 후 식초를 콩이 잠길 정도 부어 2~3일 정도 두어 초콩을 만든다(아래
  +COOK 참조).
2 연근은 길이로 4등분으로 자른 후 0.5cm 두께로 썰어 끓은 물에 2분 정도 삶는다. 살짝 삶으면 아삭
  거리고 조금 더 삶으면 고구마처럼 부드럽다. 삶은 연근은 찬물에 헹군 후 물기를 뺀다.
3 초콩은 칼로 다진 후 마요네즈, 꿀, 소금을 섞어 드레싱을 만든다.
4 사과는 씨를 빼 연근과 비슷한 크기로 자르고, 비타민은 3cm 길이로 자른다.
5 연근과 사과, 비타민을 합한 후 드레싱으로 가볍게 버무린다.

+COOK 초콩

보통 초콩은 검은색의 약콩으로도 만들지만 대두에 식초를 부어 만들어도
좋답니다. 저는 대두를 가지고 청국장을 만든 후 남은 콩에 식초를 부어두고
초콩을 만들어 샐러드를 할 때 조금씩 섞어 쓰지요. 초콩은 지방을 분해하는
데 효과적인데 그냥 먹기는 어렵지만 샐러드에 다져서 넣으면 새콤한 맛이
잘 어울린답니다.

재료 ●콩 1컵, 식초 1컵
만 드 는 법 ● ❶ 콩은 재빨리 씻어 물기를 뺀다. ❷ 입구가 작은 병에 콩을 절반
정도 담고 식초를 콩의 2배 정도 붓는다. ❸ 하루 지나면 콩이 식초를 흡수하면서
통통해지는데 식초를 다 흡수하면 식초를 다시 잠길 정도로 붓는다. 3일 정도 되
면 초콩이 완성되므로 조금씩 꺼내 음식에 활용한다.

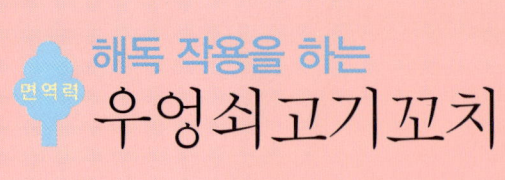

해독 작용을 하는
우엉쇠고기꼬치

우엉과 쇠고기를 꼬챙이에 끼워
달걀 대신 밀가루 물로 옷을 입혀 노릇하게
지지는 경상도식 전이랍니다. 쇠고기 양념에
설탕을 넣지 않아야 지질 때 타지 않아요.
설탕은 지진 후 뜨거울 때 뿌려야 해요.

재 료 ● 우엉 1대, 쇠고기(우둔) 50g, 검은깨 0.5, 설탕 1, 식용유 약간
밑간 양념 간장 1, 참기름 1 밀가루즙 밀가루 1/3컵, 소금 0.1, 물 1/3컵

만 들 어 보 세 요

1 우엉은 껍질을 칼등으로 살살 긁어내고 5cm 길이로 토막 내 3등분한 다음 0.6cm 크기로 잘라 끓는 물에 3~4분간 데친다. 부드럽게 익어야 지진 후에도 부드럽다.

2 쇠고기는 0.3cm 두께로 썰어 잔칼집을 낸다.

3 간장과 참기름으로 밑간 양념을 만든 뒤 반씩 나누어 손질한 우엉과 쇠고기에 각각 양념한다.

4 밀가루 1/3컵에 물 1/3컵과 소금을 섞어 밀가루즙을 만든다.

5 ③의 우엉과 쇠고기를 꼬챙이에 번갈아 끼워 밀가루를 고루 묻힌 다음, 밀가루즙을 골고루 입힌다.

6 달군 팬에 식용유를 두르고 약한 불에서 노릇노릇할 정도로 지진 후 뜨거울 때 검은 깨와 설탕을 뿌린다.

T I P 우엉은 썰어두면 금방 색깔이 변하기 때문에 바로 썰어서 조리한다. 채 썬 우엉을 구입할 때 색이 하얀 것은 약품 처리한 것이므로 피하도록 한다. 조금 불편하더라도 통우엉을 구입해 직접 손질하고, 채 써는 게 좋다.

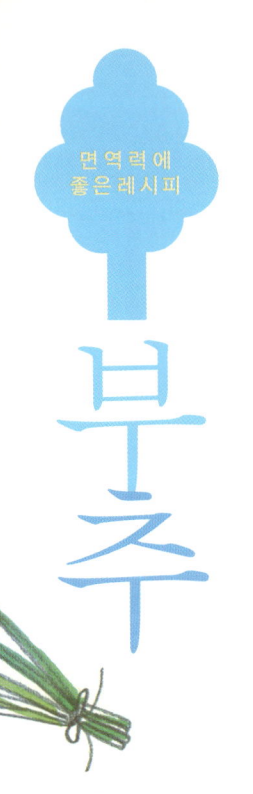

부추

TIP
부추는 병충해 강한 채소이며 파 등과는
달라 뿌리를 뽑지 않으면 한 번 잘라 먹은 후에
도 며칠 후 다시 먹을 수 있게 자란다. 집 화분에
몇포기 심어두면 여름내 신선한 부추를
먹을 수 있다.

부추는 영양가 높고 독특한 향미가 나며 소화 작용을 돕는다. 또한 에너지 생성에 중요한 역할을 하는 알리티아민의 체내 흡수량이 높아 피곤을 몰아내는 역할을 한다. 부추의 독특한 향은 알릴설파이드로 마늘과 함께 비타민 B_1 결합체를 이뤄 체내 흡수를 돕고, 소화력을 높이며 살균 작용을 한다. 부추의 진한 초록색에는 카로틴이 풍부해 피부 점막을 강화한다.
부추는 성질이 따뜻해서 혈액순환을 증진시키는 데 효과가 있으며, 체온을 높여주고 면역력을 길러준다.

제철 봄
같이 먹으면 좋아요 부추에는 베타카로틴이 풍부한데 생으로 먹을 경우 체내 흡수율이 낮지만 기름에 녹는 성질이 있으므로 전이나 튀김, 나물같이 기름과 같이 조리하면 유효 성분의 흡수율이 좋아져 영양 면에서 효과적이다. 부추는 비타민 B_1의 흡수를 돕기 때문에 비타민 B_1이 풍부한 돼지고기와 같이 조리하면 고기 특유의 누린 맛을 없앨 수 있으면서 영양적으로도 더 효과적이다.
좋은 재료 선택하기 부추는 어릴수록 맛과 향이 좋다. 또한 잎이 가늘고 둥글며 짧은 것이 특유의 향미가 있어 더욱 맛있다.
이렇게 보관하세요 부추는 씻지 않은 상태에서 비닐봉투에 담아 밀봉한 후 냉장실 채소 칸에 보관한다.

피부 점막을 강화하는
면역력
부추해물전

재 료 ● 부추 한 줌, 오징어 1/2마리, 새우살(중) 10마리, 대구살 150g, 우리 밀가루 5, 달걀 1개, 식용유 약간 **해물 밑간** 소금 · 흰후추 · 청주 약간씩

★ 재료중 해산물은 냉장고에 있는 재료로 변경 가능

만 들 어 보 세 요

1 오징어는 껍질을 벗겨 굵게 다지고 새우살, 대구살도 굵게 다진다. 부추는 굵게 송송 썬다.

2 굵게 다진 오징어, 새우살, 대구살을 볼에 담고 해물 밑간을 한 후 분량의 밀가루, 달걀을 넣어 섞는다.

3 ③의 반죽에 부추를 넣어 가볍게 섞는다.

4 달군 팬에 식용유를 두른 뒤 반죽을 한 수저씩 떠 놓고 동그랗게 모양을 잡아 속까지 익도록 지진다.

T I P 양파나 당근 버섯 등 다양한 재료를 다져 넣어도 좋고, 어른용으로 매콤한 고추를 다져 넣어도 좋다. 양파를 넣을 때는 굵게 다져 소금에 절여 물기를 꼭 짠다.

베타카로틴이 풍부해 면역력을 높이는 부추는 아이들이 좋아하지 않지요. 그런데 오징어나 새우을 다져 넣고 기름에 지져주면 영양 흡수율도 높아지고 부추는 잘 안보여서 아이들이 잘 먹는답니다.

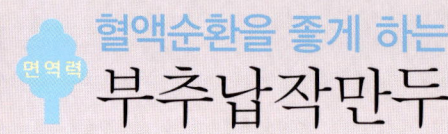

혈액순환을 좋게 하는
면역력
부추납작만두

만두를
납작하게 만들어 지지면
빨리 익으면서도 조리 시간이 짧아
맛과 영양이 좋아져요.

재 료 ● 부추 한 줌, 돼지고기 100g, 다진 김치 4
부추즙 부추 1/4, 물 1/2컵
흰만두피 밀가루 1컵, 물 4, 소금 약간(또는 시판 만두피)
부추만두피 밀가루 1컵, 물 4, 소금 약간, 부추즙 4
고기 양념 소금 0.1, 설탕 0.3, 다진 마늘 1, 깨소금 0.3, 참기름 0.5, 후춧가루 약간

만 들 어 보 세 요

1 부추는 손질한 후 깨끗이 씻어 송송 썰고, 김치는 양념을 털고 잘게 다져 물기를 꼭 짜고, 돼지고기는 곱게 다진다.
2 부추 1/4에 물 1/2컵을 붓고 갈아 면포에 짜서 부추즙을 만든다.
3 밀가루 1컵에는 부추즙과 소금을 넣고, 다른 밀가루 1컵에는 물과 소금을 넣어 각각 오랫동안 치대여 반죽한다(번거롭다면 시판용 만두피를 사용해도 좋다).
4 다진 돼지고기에 분량의 고기 양념을 넣고 밑간한 후 ①의 부추와 김치를 섞어 소를 만든다.
5 ③의 반죽을 막대 모양으로 늘인 후 적당히 토막 내 밀대로 밀어 만두피를 만든다.
6 ⑤의 만두피에 ④의 소를 납작하게 넣고 만두피 끝 쪽에 물을 바른 후 오므린다.
7 달군 팬에 기름을 두르고 ⑥의 납작만두를 올려 약한 불에서 속이 익도록 지진다.

🏠 **우리집에서는**

만두는 편식하는 아이들에게 골고루 먹일 수 있는 좋은 음식이지요. 양파는 절대 먹지 않는 큰아이는 만두소에 양파, 부추 등 평소 안 먹는 재료를 잘게 다져 넣고 만두를 빚어 쪄주면 앉은 자리에서 10개는 금방이지요. 냉장고에 있는 각종 채소에 김치 송송 썰어 넣고 만두피로 싸기만 하면 되니 만두 사 먹이지 말고 집에서 만들어보세요. 만두가 남을 경우 한 김 오른 찜통에 살짝 쪄내 식힌 다음 냉동하면 서로 붙지 않아 좋고, 출출할 때 구워주면 영양 간식으로 그만이에요.

피곤을 몰아내는
면역력
부추잡채

활동이 많은 성장기 아이들은
에너지 대사가 빠르게 이뤄져야 해요.
부추의 알리티아민은 돼지고기에 함유된
비타민 B_1의 체내 에너지
흡수율을 높여준답니다.

재 료 ● 부추 한 줌, 돼지고기 200g, 생강 1/톨, 대파(흰 부분 5cm 길이) 1토막, 청주 1, 간장 1, 참기름 1
고기밑간 청주 1, 간장 0.5, 녹말 1

만 들 어 보 세 요
1 부추는 잎이 두꺼운 것으로 골라 5cm 길이로 자르고 돼지고기는 가늘게 채 썬다.
2 돼지고기에 청주, 간장으로 고기밑간 한 후 녹말을 넣어 조물조물 밑간한다.
3 생강은 얇게 저며 채 썰고, 대파는 반 갈라 길이로 채 썬다.
4 달군 팬에 기름을 두르고 생강과 파를 볶아 향을 낸 후 불을 약하게 해 밑간한 돼지고기를 넣고 볶는
  다. 고기가 익으면 간장과 청주를 넣고 좀 더 볶는다.
5 ④의 팬에 부추 줄기 부분을 먼저 넣고 살짝 볶아 숨이 죽으면 잎 부분을 넣어 한 번 뒤섞은 후 불을
  끄고 참기름을 둘러 마무리한다.

T I P 부추잡채는 중국부추(호부추)로 만들면 잎이 통통하고 아삭해 맛이 좋지만 구하기 어렵다면 부추 중에서도 잎이
통통하고 두꺼운 것을 선택한다. 부추를 볶을 때는 줄기 부분을 먼저 넣고 볶다가 잎 부분을 넣어야 볶는 정도가 적
당해진다. 팬에 채 썬 돼지고기는 약한 불에서 볶아야만 덩어리지지 않는다.

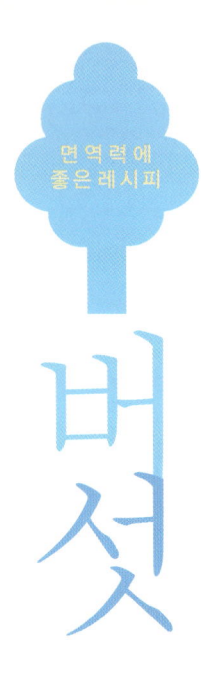

버섯

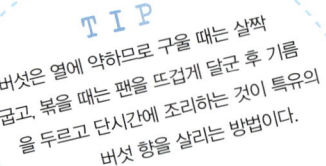

TIP
버섯은 열에 약하므로 구울 때는 살짝
굽고, 볶을 때는 팬을 뜨겁게 달군 후 기름
을 두르고 단시간에 조리하는 것이 특유의
버섯 향을 살리는 방법이다.

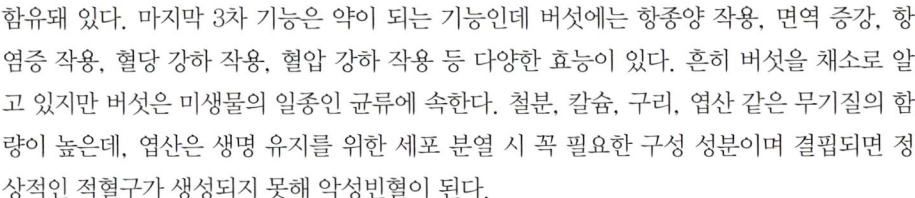

버섯은 식품의 1 · 2 · 3차 기능을 모두 지닌 식품으로, 1차 영양소 기능인 당질과 단백질이 풍부하며, 비타민 B₁ 과 B₂, 니아신 등의 영양소가 풍부하다. 2차 기능인 맛도 뛰어난데 인공조미료의 감칠맛을 내는 성분이 천연으로 함유돼 있다. 마지막 3차 기능은 약이 되는 기능인데 버섯에는 항종양 작용, 면역 증강, 항염증 작용, 혈당 강하 작용, 혈압 강하 작용 등 다양한 효능이 있다. 흔히 버섯을 채소로 알고 있지만 버섯은 미생물의 일종인 균류에 속한다. 철분, 칼슘, 구리, 엽산 같은 무기질의 함량이 높은데, 엽산은 생명 유지를 위한 세포 분열 시 꼭 필요한 구성 성분이며 결핍되면 정상적인 적혈구가 생성되지 못해 악성빈혈이 된다.

또한 버섯에 들어 있는 식이섬유 베타글루칸은 소화되지 않고 위 속에 머무르는 시간이 길어 포만감을 주므로 다이어트에 효과가 있을 뿐만 아니라 대장암 발생과 관계가 깊은 담즙산을 흡착해 체외로 배출시키며 발암물질이나 독소도 체내에서 빨리 배출시킨다.

제철 사철

같이 먹으면 좋아요 버섯의 감칠맛을 내는 맛 성분들은 고기, 특히 쇠고기와 함께 먹으면 감칠맛이 배가된다. 화학조미료 포장에 쇠고기와 버섯이 같이 그려져 있는 것이 그 때문이다. 또한 고기와 같이 조리하면 고기의 콜레스테롤의 함량을 낮춰준다.

좋은 재료 선택하기 버섯은 갓이 연회색이며 둥글고, 너무 피지 않고 상처가 없으며, 줄기 부분이 흰 것이 좋다. 단, 지나치게 흰 버섯은 표백한 것일 수 있으므로 주의하자.

조리 포인트 버섯은 조리하기 직전에 씻어 물기를 없애야 고유의 맛을 살릴 수 있다. 시중에서 흔히 구입할 수 있는 말린 표고버섯은 대부분 건조기로 말린 것이다. 갓 안쪽을 위로 보이게 해 햇빛에 30분 정도 말리면 비타민 D의 생성량이 늘어나서 좋은 영양 보급원이 되니 직접 말려 사용해보자.

이렇게 보관하세요 버섯은 쉽게 상하므로 구입한 즉시 조리하고, 남을 경우에는 물기 없이 신문에 싸서 비닐랩으로 다시 감싼 뒤 냉장고 채소 칸에 보관한다.

독소와 발암 물질을 배출하는

면역력 **버섯크림수프**

버섯은 당질과 단백질이 풍부하고
면역력에 좋지만 아이들은 그다지 좋아하지
않아요. 그런데 이 버섯크림수프는 무척
좋아한답니다. 버섯이 보이지 않거든요.
양파는 약한 불에서 노란빛이 날 때까지
볶아야 매운 맛이 단맛으로 바뀌어
더 맛이 좋아진답니다.

재 료 ● 표고버섯 2개, 양송이버섯 10개, 양파 1/4개, 마늘 3쪽, 물 2컵, 우유 2컵, 밥 2, 생크림 1컵(또는 우유 1컵과 슬라이스 치즈 반장), 식용유 1, 소금 · 후춧가루 약간씩

만 들 어 보 세 요

1 표고버섯과 양송이버섯은 얇게 저미고, 양파와 마늘은 곱게 다진다.

2 달군 팬에 기름을 두르고 양파와 마늘을 볶아 투명해지면 손질한 버섯을 넣고 볶는다. 이때 충분히 볶는 것이 좋다.

3 ②의 볶은 버섯에 물과 우유를 붓고 바글바글 끓인다.

4 믹서에 ③의 버섯과 밥을 담아 약간 씹히는 식감이 들 정도로만 간다.

5 냄비에 ④를 담고 생크림을 넣은 다음 부르르 끓어오르면 소금과 후춧가루로 간을 맞춘다.

6 양송이를 얄팍하게 썰어 지진 후 수프 위에 올린다.

T I P 물 대신 닭뼈로 육수를 만들어 사용하면 더 맛이 있다. 닭 육수는 닭뼈를 끓는 물에 데친 후 여러 향신 채소와 함께 1시간가량 끓여 국물만 받아 쓴다. 닭 육수 내기가 번거롭다면 시판용 치킨스톡을 사용해도 된다.

1   2   3   5

감칠맛은 살리고 콜레스테롤은 낮춘
버섯육개장

육개장용 소고기는 양지머리를 쓰는
것이 맛이 좋아요. 육개장에 버섯을
넣으면 잘 어울리는데 느타리버섯이나
새송이버섯을 말려 넣으면
버섯을 싫어하는 아이들도 잘 먹는답니다.
말린 버섯이 없다면
생버섯을 넣어도 좋아요.

재 료 ● 쇠고기(양지머리) 300g, 새송이버섯(또는 느타리버섯) 3개, 대파 2대, 물 10컵, 대파 뿌리 2대, 마늘 5쪽, 국간장 적당량   고기양념 고춧가루 1, 국간장 1, 마늘 0.5, 참기름 1

만 들 어 보 세 요

1 쇠고기는 양지머리로 준비해 찬물에 1시간가량 담가 핏물을 빼 건진다. 냄비에 물 7컵을 부어 펄펄 끓으면 고기와 대파 뿌리, 마늘을 넣어 끓이다가 중간에 대파 뿌리와 마늘은 건져내고 1시간가량 삶는다.

2 고기가 충분히 무르면 건져내고 국물은 식혀서 위에 뜨는 기름을 제거한다. 삶은 양지머리는 결대로 가늘게 찢는다.

3 새송이버섯이나 느타리버섯은 결대로 찢어 꼬들꼬들하게 하루 정도 말린 후 쓰기 30분 전쯤 물에 담가둔다.

4 대파는 7cm 길이로 토막 내어 서너 갈래로 갈라 끓는 물에 살짝 데친다.

5 쇠고기를 고기 양념에 버무린다. 볼에 고춧가루를 넣고 참기름을 조금씩 넣으면서 섞은 다음 나머지 양념을 넣고 고루 섞은 후 고기를 넣어 양념이 배도록 조물거린다.

6 ②의 육수에 고기를 넣고 끓이다가 파와 버섯을 넣어 맛이 어우러지면 국간장으로 간을 한다.

T I P 버섯이나 나물 등을 말려서 음식에 사용하면 영양이 농축될뿐 아니라 씹는 질감도 좋아져요.

103

오메가-3 지방산과 미네랄이 풍부한
들깨버섯전골

가을철 각종 버섯에 들깨 국물을
넣어 즉석에서 끓여 먹는 전골. 들깨는
요리하기 직전에 바로 갈아서 쓰는 것이
가장 신선하고 맛이 좋아요.

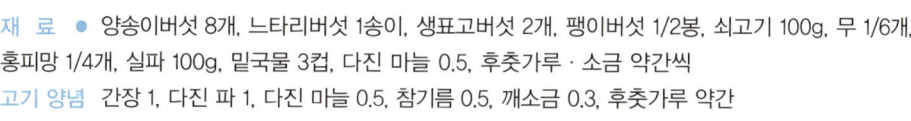

재 료 ● 양송이버섯 8개, 느타리버섯 1송이, 생표고버섯 2개, 팽이버섯 1/2봉, 쇠고기 100g, 무 1/6개, 홍피망 1/4개, 실파 100g, 밑국물 3컵, 다진 마늘 0.5, 후춧가루 · 소금 약간씩

고기 양념 간장 1, 다진 파 1, 다진 마늘 0.5, 참기름 0.5, 깨소금 0.3, 후춧가루 약간

밑국물 물 7컵, 다시마(5×5cm 크기) 3조각, 국물 멸치 10마리, 대파 1/2대

들깨즙 들깨 1컵, 밑국물 3컵

★ 재료중 버섯류는 선택 가능. 홍피망과 실파는 생략 가능

만 들 어 보 세 요

1 양송이버섯은 길이로 모양을 살려 썰고, 느타리버섯은 송이를 나누어 큰 것은 손으로 찢는다. 생표고 버섯은 밑동을 제거한 뒤 모양을 살려 썰고, 팽이버섯은 가닥을 나눈다.

2 쇠고기는 얇게 저며 채 썬 다음 분량의 고기 양념으로 밑간한다.

3 무와 홍피망은 채 썰고, 실파는 5cm 길이로 자른다.

4 냄비에 물, 다시마, 멸치, 대파를 넣고 팔팔 끓여 밑국물을 만든다. 끓으면서 국물이 조금 졸아들 때 면포에 밭쳐 거르면 밑국물 6컵 분량이 된다.

5 들깨는 깨끗이 씻어 물에 인 다음 체에 밭쳐 물기를 뺀다. 밑국물 3컵과 들깨를 믹서에 함께 넣고 곱게 간 뒤 체에 걸러 들깨즙을 받는다.

6 전골냄비에 손질한 버섯, 무, 쇠고기, 홍피망, 파를 돌려 담는다.

7 ⑥의 냄비에 밑국물 3컵을 붓고 끓어오르면 들깨즙을 넣어 한 번 더 끓이다가 다진 마늘과 후춧가루, 소금을 넣어 간을 맞춘다.

T I P 들깨즙을 넣은 전골은 오래 끓이지 않는 게 좋은데, 들깨에 함유된 오메가-3 지방산이 열을 가하면 파괴되면서 국물 과 들깨가 분리되기 때문이다. 육수를 바글바글 끓인 후 마지막에 들깨즙을 붓고, 끓으면 즉시 먹는다.

면역력

식이섬유가 독소를 배출하는
버섯장조림

버섯은 좋은 재료이기는 하지만
아이들이 좋아하는 재료는 아니지요.
조림을 해보세요. 쫄깃한 맛이 나면서
맛이 고기같이 변한답니다.

재 료 ● 느타리버섯 100g, 양송이버섯 5개, 마늘 5톨, 간장 2, 조청 2, 식용유·통깨 약간씩

★ 재료중 버섯류는 선택 가능

만 들 어 보 세 요

1 느타리버섯은 흐르는 물에 씻어 물기를 뺀 후 굵은 것은 반으로 찢는다.

2 양송이버섯은 작은 것은 반 가르고 큰 것은 4등분한다.

3 달군 팬에 식용유를 약간 두른 후 버섯을 모두 넣어 지지다가 마늘을 넣고 노릇하게 지진다.

4 팬에 간장, 조청을 넣어 바글바글 끓으면 지진 버섯과 마늘을 넣고 약한 불에서 졸인다.

5 ④의 조림장이 거의 졸아들면 불을 끄고 통깨를 뿌린다.

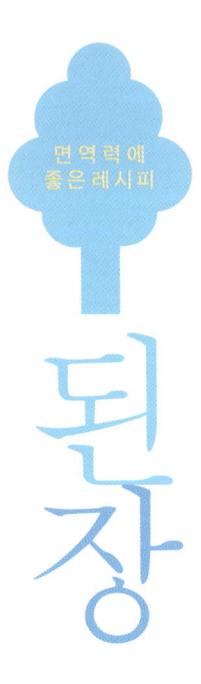

된장

TIP

메주를 가지고 직접 된장을 담근다면 적어도 6개월 이상 숙성한 후 먹는다. 콩을 띄워 만든 메주에는 유익한 균도 있지만 검은색곰팡이도 피는데, 이는 강력한 발암 물질이다. 하지만 된장을 담근 지 6개월 이상 숙성되면 이 곰팡이는 다 없어지고 유익한 균들이 생성된다.

된장은 우리 민족이 예부터 즐겨 먹던 식품으로 밥이 주식인 우리 식생활과 참 잘 어울리는 식품이다. 된장은 콩을 주원료로 발효해 만들지만 콩보다 소화 흡수율이 높을 뿐 아니라 발효 과정에서 여러 생리 활성 물질들이 생성돼 면역력 향상에 도움을 준다. 특히 발효 과정에서 강력한 항암 성분들이 생성되는 천연 건강식품이다. 해독 작용 또한 뛰어난데, 〈동의보감〉에서는 체내의 독을 없애주는 식품으로 평가해 우리나라에서는 해독을 하는 치료약으로도 쓰였음을 알 수 있다. 세포가 돌연변이를 일으키면서 병을 일으킬 수 있는데 특히 된장은 돌연변이를 억제하는 효과가 뛰어나다. 인스턴트 식품을 많이 먹는 사람들은 면역력이 낮은 경우가 많은데 된장은 인스턴트 음식에 포함된 아질산염을 파괴하고 아질산염으로부터 발생되는 니트로소아민이 생성되는 것을 막기 때문에 면역력을 높여준다.

제철 사철
같이 먹으면 좋아요 된장은 장점이 많지만 딱 하나 단점이 짠 것이다. 칼륨은 짠맛을 내는 나트륨을 체외로 배출시키는데, 칼륨은 감자나 버섯 등에 풍부하다. 된장은 항산화 효과가 뛰어나다. 특히 육류의 지방질 산화를 막아주기 때문에 육류 음식과 먹으면 효과적이다. 이런 항산화성은 숙성 기간이 오래되어 갈색 물질이 많이 생성될수록 효과적이다.
좋은 재료 선택하기 밀가루와 콩을 섞어 만든 단맛이 나는 일본식 된장보다 콩만을 주원료로 한 우리나라 고유의 된장의 효능과 장점이 더 뛰어나다.
조리 포인트 된장의 종류에 따라 조리법을 달리해야 한다. 콩 100%로 만든 재래 된장은 끓일수록 구수한 맛을 낸다. 하지만 마트에서 파는 개량 된장은 밀가루가 들어 있어 너무 오래 끓이면 점성이 생기면서 맛이 떨어지기 때문에 가열 시간이 짧아지도록 마지막에 된장을 넣고 끓이는 것이 좋다.
이렇게 보관하세요 염도가 낮은 된장은 냉장고에 보관하는 것이 좋다.

된장과 달래가 콜레스테롤을 낮춘
돼지고기된장구이

재 료 ● 돼지고기(목살) 400g, 달래 5뿌리, 부추 10뿌리, 쪽파 3대
고기 양념 된장 2, 간장 0.5, 청주 1, 조청 1, 설탕 1, 참기름 1, 깨소금 0.5, 다진 마늘 2,
생강즙 0.3 ★ 재료중 달래와 부추는 파로 변경 가능

만 들 어 보 세 요

1 돼지고기는 0.7cm 두께로 썰어 칼 등으로 두드린 후 어슷하게 칼집을 넣는다.
2 된장에 간장과 청주를 섞어 잘 푼 후 나머지 고기 양념을 넣어 잘 섞는다. 달래, 부추,
  쪽파를 모두 송송 썰어 넣고 버무린다.
3 손질한 돼지고기를 ②의 양념에 넣고 잘 주물러 20~30분 정도 재운다.
4 달군 팬에 ③의 고기를 노릇하게 구워 먹기 좋은 크기로 자른다.

된장의 레시틴이 돼지고기의
콜레스테롤을 낮춰주며 달래와 마늘이
돼지고기에 함유된 비타민 B_1의 활성을
높여줘요. 달래는 구우면 숨이 죽고
단맛이 난답니다.

면역력

냉이된장국

냉이에는 비타민이 많고,
다른 나물에 비해 단백질과 칼슘이
많이 함유돼 있어요. 특히 된장과
잘 어울리며 입맛을 돋워주지요.

재 료 ● 냉이 200g, 바지락 300g, 물 5컵, 된장 2, 대파 1/2대, 다진 마늘 1

★ 재료중 냉이는 시금치, 근대, 아욱 등으로 응용 가능

만 들 어 보 세 요

1 냉이는 잔뿌리를 떼고 밑동을 다듬은 뒤 뿌리 끝을 잘라낸 다음 반으로 가른다. 흐르는 물에 깨끗이
  씻어 체에 밭쳐둔다.

2 조개는 연한 소금물에 넣고 어두운 곳에서 해감한 후 다시 한번 씻어 냄비에 물을 붓고 끓인다.

3 조개에서 뽀얀 육수가 우러나면 된장을 푼다.

4 ③이 바글바글 끓으면 냉이를 넣고 맛이 우러날 정도로 15분 정도 더 끓인다. 한소끔 끓으면 어슷 썬
  파와 다진 마늘을 넣고 한 번 더 끓인다.

해독 작용이 뛰어난
면역력
된장아욱죽

재료 ● 쌀 1컵, 아욱 1/2단(시금치로 응용 가능), 참기름 1, 쌀뜨물 10컵, 보리새우 30g, 된장 2

만들어보세요

1 쌀은 5시간 정도 불린다.

2 아욱은 줄기를 꺾고 껍질을 죽 벗겨서 억센 섬유질을 제거한 후 살살 주물러 씻는다(너무 세게 주무르면 풋내가 나므로 주의한다).

3 두꺼운 냄비에 참기름을 두르고 불린 쌀이 투명해질 때까지 볶다가 쌀뜨물과 보리새우를 넣고 끓인다.

4 불을 약하게 줄인 다음 눋지 않도록 가끔씩 저으면서 25~30분간 끓인다. 쌀알이 잘 퍼지면 된장을 풀고 아욱을 넣어 5분가량 더 끓인다.

T I P 아욱은 출산 후 먹으면 좋은 음식으로, 아욱국을 먹으면 속이 편안해지면서 젖이 잘 나오고 아이에게도 좋다고 한다. 그래서 옛날에는 아이를 낳을 집에서는 아욱을 더 많이 심기 위해 누각[樓]를 헐어버리고 그 자리에 아욱을 심었다고 해서 '파루초(破樓草)'라고 부르기도 했다. 입맛을 잃기 쉬운 초여름에 기운이 나게 하는 음식이며, 이유식기 유아에게 좋은 영양식이다. 엽채류 가운데 영양가가 높은 편이며, 삶아서 쌈을 싸 먹어도 맛이 좋다.

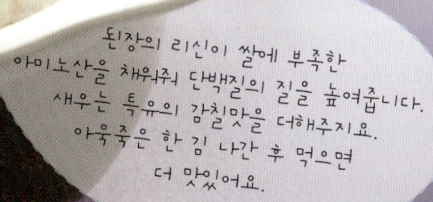

된장의 리신이 쌀에 부족한 아미노산을 채워줘 단백질의 질을 높여줍니다. 새우는 특유의 감칠맛을 더해주지요. 아욱죽은 한 김 나간 후 먹으면 더 맛있어요.

청국장

T I P
청국장은 냉동 보관해도 요구르트와
같이 균이 죽지 않고 살아 있다. 따라서
다시 해동해서 사용해도 청국장 본연의
효과를 기대할 수 있다.

청국장은 우리나라에서 삼국시대 이전부터 먹어왔던 장으로 된장과는 달리 소금을 첨가하지 않고 발효시켜 짜게 먹는 아이의 식습관을 바꿀 수 있다.

청국장은 발효 과정 중 콩에는 없는 새로운 물질, 즉 항암 효과가 있는 점질 물질, 면역력을 높여주는 고분자 핵산, 항산화 효과가 뛰어난 갈변 물질 등 다양한 성분들이 생성된다. 특히 청국장은 콩을 발효했기 때문에 콩보다 소화 흡수율이 매우 높아지며 장에 들어가서는 장 속에 있는 각종 부패균의 활동을 약화시키고 발암 촉진 물질이나 각종 유해 물질을 흡착하여 배출시킨다.

청국장과 요구르트는 같은 발효 식품이지만 발효를 일으키는 균의 종류는 다른데 청국장의 균인 고초균은 장까지 살아서 활동하는 확률이 훨씬 높다.

제철 사철

좋은 재료 선택하기 청국장은 냄새가 너무 나지 않으면서 황색을 띠는 것이 좋으며 쓴맛이 나는 것은 발효 온도가 알맞지 않은 것이다.

같이 먹으면 좋아요. 청국장 끓일 때 김치를 많이 넣는데 김치 역시 청국장같이 유산균과 섬유소가 풍부하여 함께 조리하면 면역력을 높일 수 있다.

조리 포인트 청국장의 고초균은 5분 이상 끓이면 청국장 속의 좋은 미생물과 효소가 사멸하기 때문에 청국장은 단시간 조리하는 것이 효과적이다. 찌개를 끓일 때는 된장처럼 오래 끓이는 것이 아니라 마지막 단계에서 넣어 끓어오르면 불을 끄는 것이 효과적으로 먹을 수 있는 방법이다.

이렇게 보관하세요 청국장은 냉장실에서 2주 정도 보관이 가능하지만 더 오래 보관할 경우에는 한 번 먹을 만큼씩 담아 냉동실에 두면 6개월 정도 보관할 수 있다.

소화기관을 건강하게 하는
청국장찌개

재 료 ● 청국장 5, 돼지고기 100g, 김치 50g, 두부 1/4모, 호박 1/4개, 양파 1/4개,
물 2컵 ★ 재료중 두부, 호박, 양파는 선택 가능

만들어보세요

1 돼지고기는 얄팍하게 썰어 사방 2cm 크기로 자른다.

2 김치는 잘게 썰고, 양파와 호박, 두부는 작은 주사위 모양으로 썬다.

3 냄비에 돼지고기와 김치를 볶다가 호박과 양파를 넣는다.

4 양파가 익어 투명해지면 물을 붓고 5분 정도 어우러지게 끓이다가 청국장을
푼다.

5 청국장이 끓어오르면 두부를 넣고 1분 정도 더 끓인 뒤 불을 끈다.

> 돼지고기와 김치를 넣고 볶다가
> 물을 자작하게 넣고 끓여 맛이
> 우러나면 청국장을 넣고 단시간에
> 끓이는 것이 영양을 고스란히
> 섭취할 수 있는 방법이지요.

장의 활성을 돕는
면역력
청국장꽈리고추무침

요즘은 청국장 가루를
구하기가 쉬워졌어요. 밀가루와 섞어
옷을 입히고 꽈리고추나 부추 등에
섞어 찐 후 양념장에 버무리면
아이들도 잘 먹어요.

재 료 ● 꽈리고추 한 줌(50g), 새우살 50g, 우리 밀가루 2, 청국장 가루 2, 소금 · 후춧가루 약간씩
양념장 간장 2, 매실청 1(또는 설탕), 깨소금 0.5, 다진 파 1, 다진 마늘 0.5, 들기름 1

만 들 어 보 세 요

1 꽈리고추는 씻어 건져 물기가 있을 때 1cm 폭으로 자른다.
2 청국장 가루와 밀가루를 합한 후 ①의 꽈리고추에 버무린다.

　TIP 꽈리고추에 물기를 적당히 남겨두면 밀가루와 청국장 가루가 잘 들러붙는다.

3 찜통에 젖은 면포를 깔고 꽈리고추를 고르게 펴서 넣고 센 불에서 10분간 찐 후 꺼내 차게 식힌다.

　TIP 찌자마자 냉장고에 넣어 차게 식히면 색이 잘 유지된다

4 새우는 껍데기를 벗기고 1.5cm 길이로 썰어 팬에 약간의 소금, 후춧가루를 뿌려 볶는다.
5 분량의 양념장을 만들어 꽈리고추와 새우를 섞어 버무린다.

오이

TIP
여름철에 오이를 먹으면 피를 맑게 하며
수분을 쉽게 공급할 수 있어 일석이조의 효
과가 있다. 또한 피라진이라는 오이의 특이한
향 성분이 피를 맑게 한다.

오이는 예부터 즐겨 먹던 채소다. 특히 오이는 여름철에 먹으면 좋은데, 열을 식혀주며 이뇨 작용이 뛰어나다. 오이는 성분 중 수분이 95%를 넘는 채소로, 갈증이 날 때 먹으면 수분을 공급하는 동시에 포만감을 느낄 수 있다. 특히 칼륨을 많이 함유한 알칼리성 식품이면서 비타민 C가 많은 식품이다. 오이의 상쾌한 향기는 오이 알코올이라는 성분 때문이며 오이의 쓴맛을 내는 엘라테린(elaterin)이라는 성분은 소화 건위제 작용을 한다. 오이에는 칼륨과 이소쿠엘시트린의 함량이 높은데, 이 성분이 이뇨 작용을 도와 체내에 불필요한 나트륨을 배출시키므로 짠 음식을 먹을 때 오이를 먹으면 더욱 좋다.

제철 초여름부터 초가을
같이 먹으면 좋아요 식초는 오이의 비타민을 파괴하는 아스코르빈산을 막아준다.
좋은 재료 선택하기 흔히 못생긴 것이 무농약(또는 유기농) 채소라고 생각하는데, 오이는 보기 좋은 것이 농약을 적게 친 것이다. 위와 아랫부분이 크고 중간이 가는 오이는 영양이 부족해 해충 저항력이 떨어지기 때문에 농약을 더 많이 사용한다.
조리 포인트 오이에는 아스코르비나아제라는 비타민 C를 파괴하는 효소가 들어 있다. 오이를 가열하거나 식초를 첨가하면 이를 막을 수 있고, 다른 비타민 C가 많은 채소와 섞을 때는 먹기 직전에 섞는 것이 좋다.
이렇게 보관하세요 오이를 장기간 보관할 때는 수분이 많으면 쉬 상하고 물러지므로 수분 흡수력이 좋은 신문지나 키친타월에 1개씩 싼 다음 구멍 뚫은 비닐봉투에 담아 냉장고 채소칸에 보관한다.

피를 맑게 하는
면역력
오이소박이

재 료 ● 백오이 10개, 부추 1/4단, 굵은 소금 1/4컵
절임 소금물 굵은 소금 1컵, 물 10컵　**양념장** 고춧가루 1/3컵, 멸치 액젓 4(또는 새우젓),
다진 마늘 1, 다진 생강 0.5, 설탕 1.5, 소금 0.5

만 들 어 보 세 요

1. 오이는 굵은 소금으로 문질러 씻은 후 물로 깨끗이 씻어 4등분한 다음 가운데에 열 십자로 칼집을 넣는다.
2. 냄비에 절임 소금물을 넣고 팔팔 끓인 다음 ①의 오이에 부어서 2시간 동안 절인다.
3. 부추는 손질한 다음 깨끗이 씻어 1cm 길이로 썬다.
4. 볼에 분량의 재료를 한데 넣어 양념장을 만든 후 ③의 부추를 넣어 살살 버무린다.
5. ②의 절인 오이 십자 부분에 ④의 버무린 부추로 속을 채운 후 하루 정도 익혔다가 먹는다.

T I P 오이를 끓는 소금물에 살짝 절인 후 오이소박이를 담으면 오래 두어도 아삭아삭한 식감이 살아 있다.

오이소박이는 한 번에 10개 정도씩 해서 바로 먹는 것이 오이 특유의 아삭한 맛을 살릴 수 있어요. 오이를 절일 때는 굵은 소금으로 해야만 오이가 쉽게 무르지 않는답니다.

1

2

4

5

비타민이 풍부하고 소화를 돕는
오이송송이

면역력

궁중에서는 깍두기를 '송송이'라고 하는데
오이를 깍두기처럼 썰어 담근 데서 생긴 말이에요.
오이를 네 쪽으로 갈라 가름하게 썰어서 소금에
살짝 절였다가 다진 새우젓과 양념으로 버무려두면
다음날 바로 먹을 수 있답니다.

재 료 ● 오이 4개, 무 1/6개, 굵은 소금 3, 실파 5뿌리, 대파(흰 부분 5cm 길이) 1토막
양념 고춧가루 1/3컵, 다진 마늘 2, 다진 생강 0.5, 새우젓 2(또는 액젓), 설탕 1

만 들 어 보 세 요

1 오이는 손질한 다음 씻어 3cm 길이는 토막내 4등분한다. 가운데 오이씨가 있으면 도려내고 큰 것은 다시 반으로 가른다.

2 무는 오이와 같은 크기로 썰어 오이와 섞은 뒤 굵은 소금을 뿌려 절인다.

3 실파는 다듬어 3cm 길이로 자르고, 대파는 흰 줄기 부분만 다진다.

4 새우젓은 건지만 다진다.

5 절인 오이와 무를 체에 밭쳐 물기를 뺀다.

6 볼에 분량의 재료를 넣어 양념을 만든 뒤 실파와 대파를 넣어 잘 버무린다. 맛을 보아 모자라는 간은 소금을 조금 더하거나 설탕을 넣어 맛을 낸다.

7 ⑤에 양념을 넣어 버무린 뒤 항아리에 꼭꼭 눌러 담아 하루 정도 실온에 두었다가 냉장고에 넣어 익힌다.

T I P 오이는 씨 없이 곧고 단단한 것을 준비해 굵은 소금으로 문질러 씻어서 헹군다. 오이에 씨가 많으면 씨 부분을 잘라낸 후 절여서 만드는 것이 좋다.

여름철 입맛을 살리는
규아상(오이만두)

오이를 채 썰어 살짝 절인 후
오이나물을 볶아서 소를 만들면 만두를
빚은 후에도 아삭아삭하게 씹히는 맛이
살아 있어요. 표고버섯과 쇠고기는 같이 넣어
요리하면 감칠맛이 상승해
맛이 훨씬 좋아져요.

120

재 료 ● 오이 2개, 마른 표고버섯 1개(생략 가능), 쇠고기 50g, 잣 1(생략 가능), 만두피 1팩
고기 양념 간장 1, 설탕 0.5, 다진 파 · 다진 마늘 0.5씩, 깨소금 0.3, 참기름 0.2

만 들 어 보 세 요

1 손질한 오이는 4cm 길이로 토막 내 가운데 씨 부분을 남기고 껍질과 살을 돌려 깎은 뒤 곱게 채 썬다.

2 마른 표고는 찬물에 불린 다음 밑동을 제거하고 가늘게 채 썬다.

3 쇠고기는 살만 곱게 다진다.

4 ①의 오이채를 소금에 절였다가 물기를 꼭 짠 다음 기름을 두르고 재빨리 볶아내 한 김 식힌다.

5 볼에 분량의 재료로 고기 양념을 만든다.

6 ⑤에 쇠고기와 표고를 넣고 조물조물 무쳐 밑간한 후 달군 팬에 볶아서 접시에 퍼놓고 한 김 식힌다.

7 볼에 ④, ⑥, 잣을 한데 담고 고루 섞어 소를 만든다.

8 만두피를 평평한 데에 놓고 가운데에 소를 놓은 뒤 접어 양쪽 끝자락을 붙인다. 양끝을 삼각지게 접고 해삼처럼 등에 주름을 잡아 붙인다.

9 한 김 오른 찜통에 젖은 면포를 깔고 규아상을 겹치지 않게 놓은 다음 10분 정도 찐다.

T I P 규아상은 이미 속 재료가 다 익은 것이기 때문에 만두피만 익을 정도로 센 불에서 재빨리 찐다. 가끔 만두를 찌다 보면 만두피 끝부분이 하얗게 딱딱해지면서 잘 안 익는 경우가 있는데, 너무 말라 수분이 부족한 게 원인이다. 찔 때 스프레이로 물을 살짝 뿌려주면 금방 투명하게 익는다.

+COOK 오이나물

오이나물은 센 불에서 빠르게 볶은 후 차가운 그릇에 펴며 식히면 더욱 아
삭한 질감이 살아나요. 소금에 절일 때 짜게 절였다 싶으면 물에 살짝 흔들어 씻
은 후 꼭 짠 다음 볶고, 싱거울 경우에는 다 볶은 후 소금간을 하세요.

재료 ● 오이 1개, 소금 0.5, 다진 마늘 0.5, 참기름 · 깨소금 0.5씩

만 드 는 법 ● ❶ 손질한 오이는 가는 것은 둥근 모양을 살려 0.3cm 두께로 얇게 썰고, 굵은
것은 반 갈라서 사선으로 얇게 썰어 분량의 소금을 뿌려서 20~30분간 절인다. ❷ 절인 오이
는 물에 살짝 헹군 다음 키친타월에 싸서 물기를 꼭 짠다. ❸ 달군 팬에 참기름을 두르고 다진 마늘을 볶아 향을 낸
후 절인 오이를 넣어 센 불에서 빠르게 볶는다. ❹ ❸의 오이에 깨소금을 뿌리고 넓은 접시에 펴서 한 김 식힌다.

브로콜리

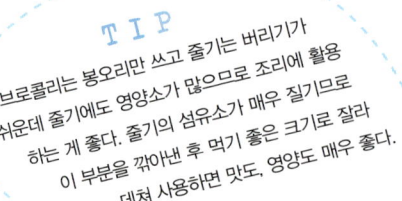

TIP

브로콜리는 봉오리만 쓰고 줄기는 버리기가
쉬운데 줄기에도 영양소가 많으므로 조리에 활용
하는 게 좋다. 줄기의 섬유소가 매우 질기므로
이 부분을 깎아낸 후 먹기 좋은 크기로 잘라
데쳐 사용하면 맛도, 영양도 매우 좋다.

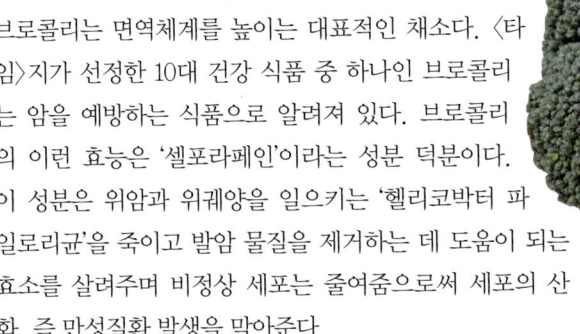

브로콜리는 면역체계를 높이는 대표적인 채소다. 〈타임〉지가 선정한 10대 건강 식품 중 하나인 브로콜리는 암을 예방하는 식품으로 알려져 있다. 브로콜리의 이런 효능은 '셀포라페인'이라는 성분 덕분이다. 이 성분은 위암과 위궤양을 일으키는 '헬리코박터 파일로리균'을 죽이고 발암 물질을 제거하는 데 도움이 되는 효소를 살려주며 비정상 세포는 줄여줌으로써 세포의 산화, 즉 만성질환 발생을 막아준다.

또 브로콜리에 풍부한 베타카로틴이나 인돌 화합물은 암 예방뿐 아니라 생활습관병이나 노화 방지에도 효과가 있다. 또한 신체 면역력을 높이는 항산화 물질과 비타민 C가 레몬보다 2배 이상 함유돼 있다. 특히 기적의 원소라고 알려진 셀레늄의 함량이 매우 높다. 셀레늄은 항암, 면역체계를 강화하는 중요한 영양소 중의 하나다.

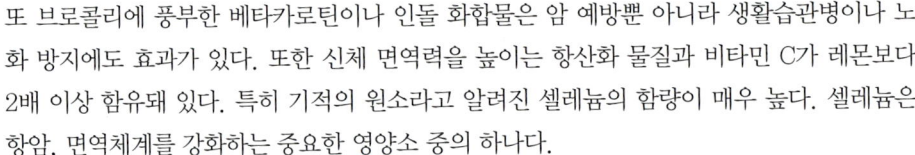

제철 사철

같이 먹으면 좋아요 브로콜리는 베타카로틴의 함량이 높은데 체내 흡수를 도와주는 올리브유나 식용유 또는 치즈와 같이 먹으면 좋다. 브로콜리의 비타민 C는 위를 보호하는 효과가 있으므로 위가 약한 아이들에게 꾸준히 먹이는 것이 좋다.

좋은 재료 선택하기 브로콜리는 꽃봉오리 모양이 단단하고 묵직하며 초록색이 진한 것을 고른다. 초록색이 진할수록 신선도가 뛰어나며 베타카로틴과 비타민 C의 함량도 높다. 봉오리 부분이 동글동글하지 않고 벌어져 꽃이 피거나 색이 황색이며 꽃봉오리 부분에 곰팡이가 핀 것 등은 좋지 않다.

조리 포인트 보통 비타민 C의 함량이 높은 채소류들은 데치거나 볶으면 많은 영양소가 손실되지만 브로콜리는 가열 조리 후 비타민 C의 손실이 적어 데치거나 볶아 먹어도 좋다.

이렇게 보관하세요 브로콜리는 비닐팩에 담아 냉장고 채소칸에 둔다. 오래 보관하면 꽃봉오리가 꽃을 피우고 색이 변하면서 영양소도 줄어드니 좋지 않다. 1~2일 안에 먹을 것이면 소금물에 데친 후 냉장실에 보관한다.

신체 면역을 높이는 셀레늄이 풍부한
브로콜리새우꼬치

재 료 ● 브로콜리 100g, 새우 10마리, 방울토마토 5개(생략가능)
소스 토마토케첩 3, 고추장 0.5, 조청 1, 다진 마늘 0.2

만들어보세요

1 브로콜리는 먹기 좋은 크기로 자른 다음 끓는 물에 소금을 넣고 살짝 데쳐 낸다.
2 새우는 꼬리만 남기고 껍데기를 깐 다음 김이 오른 찜통에 5분간 찐다.
3 방울토마토는 반으로 자른다.
4 작은 냄비에 분량의 소스 재료를 담아 끓어오르면 불을 약하게 하여 2분 정 도 저으면서 끓인다.
5 꼬치에 브로콜리와 새우, 토마토를 끼우고 소스를 곁들여 담는다.

T I P 브로콜리는 푹 익히는 것보다 살짝 익힐 때 더욱 식감이 좋다. 볶거나 데칠 때 소금을 약간 넣으면 푸른색이 더욱 살아난다.

아이들은 브로콜리를 좋아하지 않죠. 하지만 같은 음식이라도 꼬치에 끼워 아이들이 좋아하는 새우와 곁들이면 잘 먹는답니다.

123

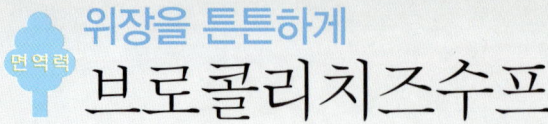

위장을 튼튼하게
면역력 **브로콜리치즈수프**

재 료 ● 브로콜리 1송이, 양파 1/2개, 생크림 1컵(또는 우유 1컵과 슬라이스 치즈 반장), 우유 1컵, 식용유 1, 소금, 후춧가루 약간씩

만 들 어 보 세 요
1 양파는 채 썰고 브로콜리는 작게 송이송이 자른다.
2 달군 냄비에 식용유를 두르고 채 썬 양파를 넣어 약한 불에서 노릇하게 볶는다.
3 볶은 양파에 브로콜리를 넣고 숨이 죽을 정도로 살짝 볶는다.
4 생크림, 우유를 넣은 다음 소금으로 간을 하고 센 불에서 끓어오르면 중간 불로 줄여 7~8분 정도 끓인다.
5 핸드블렌더(또는 믹서)를 이용하여 ④를 곱게 간 뒤 다시 냄비에 넣고 센 불에서 끓인다. 농도가 진하면 우유를 조금 더 넣고 소금과 후춧가루로 간을 한다.

T I P 사용하고 남은 생크림은 단단히 밀봉하여 냉동하면 한 달 정도 보관 가능하다.

풍부한 베타카로틴과 항암,
면역력을 강화시켜주는 셀레늄의
함양이 높은 브로콜리를 체내 흡수를
도와주는 치즈와 함께
부드러운 수프를 만들어 주세요.

아이의 식습관을 바꾸는 몇 가지

1 온 식구가 규칙적인 식습관을 갖도록 한다. 라면, 과자, 청량음료 등 인스턴트 음식은 가급적 사지 않는다.

2 고구마, 감자, 호두, 땅콩, 과일 등 건강한 식품을 눈에 잘 띄는 곳에 둔다. 의식주 중 가장 보수적이고 바꾸기 어려운 것이 식(食)이다. 한번에 좋아질 수는 없지만 좋은 식품들과 친숙하게 한 후 그 식품을 선택할 수 있도록 한다. 엄마 아빠가 솔선수범하면 더욱 좋다.

3 아이는 부모의 거울이다. 엄마 아빠의 식습관이 건강하지 않으면서 아이들이 부모보다 잘할 거라 기대할 수 없다.

4 교육의 힘이 중요하다. 아이들에게 건강하게 먹는 것이 왜 중요한지 가르친다. 어릴 때는 부모의 통제로 식품 선택이 가능하지만 아이가 커갈수록 아이 스스로의 선택이 늘어난다. 스스로 선택할 때 아이가 올바른 선택을 할 수 있도록 도와준다.

단백질과 비타민, 미네랄이 풍부한
크림소스 브로콜리오징어

영양 좋고 식감 좋은 브로콜리와
오징어에 녹말옷을 입혀 바삭하게 튀긴 후
마요네즈 소스에 버무리면 한그릇
샐러드 요리가 탄생합니다. 마요네즈
드레싱은 온도가 너무 높으면 기름이
분리되버리니 중간 불에서
만들어야 한답니다.

재 료 ● 브로콜리 1/4송이, 오징어 1마리(새우 또는 흰살 생선으로 응용 가능)
튀김옷 녹말 6, 달걀흰자 1/2개 분량, 소금 약간 소스 마요네즈 6, 핫소스 0.5, 설탕 2

만 들 어 보 세 요
1 브로콜리는 먹기 좋은 크기로 자른 후 소금물에 데쳐 찬물에 헹군다.
2 오징어는 껍질을 벗겨 안쪽에 길게 칼집을 낸 다음 2cm 너비로 썰어 끓는 물에 데친다.
3 녹말과 달걀흰자, 소금을 합해 튀김옷을 만든다.
4 오징어에 ③을 가볍게 입힌 후 170℃의 기름에서 튀긴다.
5 팬에 소스 재료인 마요네즈와 핫소스, 설탕을 넣고 중간 불에 올린다. 설탕과 마요네즈를 섞어 녹으
  면 튀긴 오징어와 브로콜리를 넣어 버무린다.

126

 피부 점막이 건강해지는

브로콜리스파게티

재 료 ● 스파게티 면 200g, 브로콜리 1/2송이, 닭가슴살 1쪽(생략 가능), 방울토마토 10개, 상추 3장, 소금 약간
드레싱 간장 2, 설탕 1, 들기름 2, 씨겨자 0.3, 다진 실파 0.5
★ 재료중 방울토마토, 상추는 양상추, 쑥갓 등 채소로 변경 가능

만 들 어 보 세 요

1 브로콜리는 송이를 먹기 좋은 크기로 자른 뒤 소금을 넣은 끓는 물에 데쳐 차게 헹군다.
2 방울토마토는 반 가르고, 상추는 1cm 폭으로 자른다. 닭가슴살은 끓는 물에 삶아 길이로 잘게 찢는다.
3 스파게티 면은 끓는 물에 10분가량 삶아 헹궈 사리를 짓는다.
4 볼에 분량의 재료를 한데 담아 고루 섞어 드레싱을 만든다.
5 그릇에 국수를 담고, 브로콜리, 닭가슴살, 채소를 보기 좋게 담은 뒤 드레싱을 곁들여 낸다.

매실

TIP
배탈이나 설사가 날 때 매실 농축액이나 매실청을 먹으면 장 속이 일시적으로 산성화가 되어 유해균이 죽으면서 더부룩한 속이 가라앉는다.

흔히 매실은 신맛이 강하기 때문에 산성 식품으로 잘못 알고 있는 사람이 많은데 매실은 체내에 들어가면 알칼리성으로 작용한다. 때문에 육류를 좋아하는 아이들 또는 탄산음료, 햄 등의 각종 인스턴트 음식을 즐기는 아이들에게 먹이면 체질이 산성화되는 것을 막아줄 수 있다.

매실의 신맛을 내는 구연산은 당질의 대사를 촉진하고 피로 해소를 돕는다. 구연산은 우리 몸에서 피로 물질인 젖산을 분해시켜 몸 밖으로 배출하므로 꾸준히 먹으면 좀처럼 피곤하지 않고 면역력도 상승된다. 매실에 풍부한 유기산은 소화기관에 영향을 주어 위와 장을 튼튼하게 하는데 위와 장이 튼튼해지면 밥맛이 좋아지면서 영양의 흡수가 좋아져 면역력이 상승이 된다.

제철 6월

같이 먹으면 좋아요 매실은 육류와 같이 먹으면 특유의 신맛이 단백질의 소화를 돕는다. 특히나 매실은 여름철 식중독을 막아주기 때문에 여름철에 김밥을 싸거나 각종 음식을 만들 때 넣어 먹으면 좋다.

좋은 재료 선택하기 덜 익은 매실은 독성이 있으므로 6월 초순 이후에 수확한 것을 고르고, 장아찌를 담글 때는 초록색이 나면서 단단하며 상처가 없는 것을 선택한다.

조리 포인트 매실은 생으로 먹지 않는다 생으로 매실을 깨물면 치아를 상하게 할뿐더러 매실에 들어 있는 독성 물질인 청산배당체가 식중독을 일으킬 수 있다. 매실은 농축액이나 잼 등으로 반드시 조리해 먹는다.

이렇게 보관하세요 매실은 열이 많아 봉투에 담아 묶어놓으면 노란색으로 변한다. 때문에 공기가 잘 통하도록 두고, 되도록 빨리 사용하도록 한다.

면연력이 강한 체질로 바꿔주는
면역력
매실청

재 료 ● 청매실 1kg, 백설탕 1kg

만 들 어 보 세 요

1 청매실은 깨끗이 씻어 물기를 뺀다.

2 볼에 매실과 동량의 설탕을 합한 후 고루 섞어 항아리나 병에 담고 윗부분에 공기가 통하지 않도록 설탕을 1/2컵 정도 붓는다.

3 일주일 정도 지나면 설탕이 다 녹는데 아래쪽에 설탕이 가라앉으면 저어서 녹인다.

4 약 100일 후 설탕이 다 녹고 연한 갈색빛이 돌면 매실액을 체에 거른다. 매실액은 냉장고에 두고 음식에 넣거나 음료로 사용한다. 보통 음료는 매실액이 1일 때 물이 5~6 정도 되도록 타서 마시면 좋고 음식에 넣을 때는 설탕 대신 넣으면 좋다.

T I P 매실청용 매실은 즙만 사용하는 것이기 때문에 아주 크거나 상품이 아니여도 좋다. 매실청을 빼고 난 매실은 버리기가 아까운데 소주를 부어두었다가 청주 대신 음식 만들 때 사용하면 음식 향이 매우 좋아진다.

 우리집에서는
여름철 찬 음식을 많이 먹어서 아이들이 배가 아프다고 할 때 저는 약대신 3년 정도 숙성시킨 매실청을 미지근한 물에 타서 줍니다. 배탈에 정말 효과가 좋거든요. 그 해에 담은 햇 매실청 보다는 3년 정도 숙성되어 갈색 빛이 나는 매실청이 더욱 효과가 좋답니다.

피곤을 해소하는
면역력
매실모둠피클

매실과 각종 채소를 넣어
피클을 만들면 오래 두어도 무르지 않는데
살균력이 강한 매실이 천연 방부제 역할을
하기 때문이다.

재 료 ● 오이 2개, 무 1/6개, 당근 1/3개, 매실장아찌 1/2컵(아래 +COOK 참조)
단촛물 식초 2컵, 물 2컵, 설탕 1컵, 매실청 1/3컵(또는 설탕), 소금 1
★ 재료중 무와 당근은 생략 가능

만 들 어 보 세 요

1 오이는 굵은 소금으로 바락바락 문질러 씻은 후 1cm 두께로 자른다. 무와 당근도 1cm 두께로 잘라 모두 꽃 틀로 찍는다.

2 냄비에 단촛물 재료를 한데 넣고 끓인다.

3 소독한 밀폐 용기에 오이와 무, 매실장아찌를 담고 단촛물을 부은 다음 뜨지 않도록 눌러두면 다음날 부터 먹을 수 있다.

T I P 먹고 남은 단촛물은 한 번 끓인 후 다시 채소를 넣어 한 번 정도 재사용할 수 있다. 총각무나 양파, 브로콜리 등 다양한 채소를 이용해 피클을 만들 수 있다.

+COOK 매실장아찌

6월 초순에서 중순에 나오는 청매실 과육을 설탕과 버무려 만드는 매실장아찌는 아삭하게 씹히는 맛이 일품이지요. 입맛을 살려주고 소화도 돕는답니다.

재 료 ● 청매실 1kg, 백설탕 0.7kg

만 드 는 법 ● ❶ 깨끗이 씻어 물기를 뺀 청매실은 세로로 칼집을 넣어 씨를 빼고 과육만 여섯 쪽을 낸다. ❷ 매실 씨앗을 빼고 나면 약 700g 정도이므로, 밀폐 용기에 청매실 과육을 담고 동량의 설탕을 부어 재운다. 하루 정도 지나면 물이 스며 나와 매실이 잠긴다. ❸ 이틀쯤 지나면 아랫부분에 설탕이 가라앉는데 저어서 녹인다. 약 20일 후부터 먹을 수 있다.

단백질의 소화를 돕는
매실떡갈비

매실은 알칼리성 식품으로 산성인 고기와 같이 먹으면 균형이 잘 맞으며 매실이 고기의 소화를 돕습니다. 또한 고기 요리나 조림 요리 등에 설탕이나 물엿 대신 사용하면 고기의 잡맛을 없애주는 동시에 설탕 사용량을 줄일 수 있어 유용하지요.

재 료 ● 매실장아찌 3, 쇠고기(우둔 또는 갈빗살) 150g, 두부 1/4모(50g), 떡볶이용 떡 4개(생략 가능),
간장 · 참기름 · 밀가루 · 식용유 약간씩
양념장 간장 1, 소금 0.2, 설탕 0.5, 다진 파 0.5, 다진 마늘 · 깨소금 · 참기름 0.3씩

만 들 어 보 세 요

1 쇠고기는 곱게 다지고, 두부는 칼을 눕혀서 곱게 으깬 후 면포로 싸서 물기를 꼭 짠다.

2 분량의 재료로 양념장을 만들어 쇠고기와 두부를 넣고 끈기가 날 때까지 고루 치댄 후 매실장아찌를
  넣어 섞는다.

3 떡은 간장과 참기름으로 밑간해 밀가루를 살짝 바른 다음 ②의 고기 반죽을 갈비 모양으로 붙인다.
  윗부분에 매실장아찌를 끼운다.

4 달군 팬에 식용유를 두르고 ③의 떡갈비를 굴려가며 속까지 고루 익힌다.

T I P 매실장아찌는 단맛이 있으므로 설탕은 조금만 넣어도 되고, 떡볶이 떡이 단단할 경우 끓는 물에 살짝 데쳐 부드럽게
한 후 양념하면 좋다.

면 역 력 에
좋은 레 시 피

인삼

TIP
인삼은 가공 방법에 따라 이름이 달라진다. 인삼은 수삼, 수삼을 밭에서 수확한 그대로의 인삼은 수삼, 수삼을 말린 것은 백삼(白蔘)이며, 미삼(尾蔘)은 인삼의 가는 뿌리를 말한다. 홍삼(紅蔘)은 껍질을 제거 하지 않은 채 가열한 후 건조한 것이다.

인삼 속의 사포닌 성분은 신진대사를 촉진하고 영양 흡수와 소화 기능을 높일 뿐 아니라 스트레스를 해소해준다. 특히 피로감이 심해 아침에 잘 일어나지 못하는 사람에게 좋다. 또한 우리 몸의 면역 기능을 개선하고 병에 대한 저항력을 높여주며 신진대사 기능을 높일 뿐만 아니라 혈액순환을 촉진하고 피로 해소를 돕는다. 또한 인삼은 허약 체질을 개선하고 식욕을 돋워주며 항암 효과도 있는 것으로 알려져 있다. 예부터 우리나라 인삼은 특히 약효가 뛰어나 세계적으로 이름나 있으며 한방에서도 매우 중요한 약재로 사용했다.

제철 가을에서 겨울까지

같이 먹으면 좋아요 인삼은 다양한 기능성 성분들이 있지만 에너지를 내는 열량은 낮은 편이어서 꿀과 함께 섭취하면 인삼에 부족한 칼로리를 보충할 수 있고, 우유 등과 같이 먹으면 맛이 부드러워져 먹기 좋다. 수삼은 익히면 쓴맛이 단맛으로 바뀌어 아이들이 먹기 좋다.

좋은 재료 선택하기 수삼은 매끈한 것보다는 잔뿌리가 많고 껍질에 흠집이 없는 단단한 것이 상품이다. 중국산은 수삼의 뇌두 부분이 약해 쉽게 떨어지지만 국산은 단단하게 붙어 잘 떨어지지 않는다.

조리 포인트 인삼의 사포닌은 수용성 성분이므로 음식에 넣을 때 물에 오래 담그면 약효가 녹아 나오므로 주의한다.

이렇게 보관하세요 수삼은 항상 냉장 보관하되, 보통 15일이 지나면 부패되기 쉬우므로 구입 후 반드시 2주일 이내에 먹는 것이 좋다. 백삼이나 홍삼 등은 통풍이 잘 되고 건조한 곳에 둔다.

인삼의 사포닌이 면역 기능 높이는
수삼고구마튀김

수삼은 익으면 단맛이 강해져요.
수삼튀김은 아이들이 고구마인 줄
착각하고 먹을 정도랍니다. 수삼에
거부감이 있다면 다른 채소와 함께
섞어서 튀기면 정말 맛이 좋아요.

재 료 ● 수삼 1뿌리, 고구마 1개, 양파(작은 것) 1/2개, 깻잎 2장, 당근 1/4개, 튀김기름 적당량
튀김옷 튀김가루 2/3컵, 물 1/2컵, 얼음 약간
★ 재료중 양파, 깻잎, 당근은 냉장고에 있는 자투리 채소로 변경 가능

만 들 어 보 세 요

1 수삼은 깨끗이 씻어 껍질째 채 썰고, 고구마, 양파, 깻잎, 당근은 비슷한 두께로 채 썬다.

2 볼에 채 썬 재료를 한데 담고 튀김가루 2를 넣어 살짝 버무린다.

3 볼에 물 1/2컵, 얼음 약간, 튀김가루를 조금씩 나누어 넣으면서 젓가락으로 휘저으며 살살 개어
  튀김옷을 만든다.

4 ③에 ②의 채소들을 넣어 고루 섞는다.

5 160℃로 달군 기름에 ④의 반죽을 한 숟가락씩 떠 넣어 바삭하게 튀긴다.

T I P 바삭한 튀김을 만들려면 튀김옷을 만들 때 튀김가루가 보일 정도로 대충만 섞어 옷을 입히는 것이 포인트!
오래 저으면 저을수록 튀김옷이 단단하고 딱딱해진다.

신진대사를 촉진하는
수삼오믈렛
면역력

신진대사 기능이 높은
수삼을 넣어 만든 볶음밥으로
오믈렛을 만들면 한 끼 식사로도 손색없어요.
수삼은 속까지 익도록 볶은 후 오믈렛을
만들어야 향이 약해져 아이들이
잘 먹는답니다.

재 료 ● 수삼 1/2뿌리, 당근 1/6개, 애호박 1/4개, 다진 김치 2, 밥 1공기, 달걀 4개, 우유 2, 토마토 케첩 ·
식용유 · 소금 약간씩
장식 방울토마토 4개, 다진 파슬리 약간(장식은 생략 가능)
★ 재료중 당근과 애호박은 냉장고에 있는 자투리 채소로 변경 가능

만 들 어 보 세 요
1 수삼, 당근, 애호박은 모두 같은 크기로 다진다.
2 볼에 달걀과 우유를 넣고 부드럽게 푼 다음 소금으로 간한다.
3 달군 팬에 다진 김치와 ①을 넣고 볶다가 다 익으면 밥을 넣어 잘 섞은 후 소금으로 간한다.
4 팬에 식용유를 두르고 달걀을 부어 반쯤 익으면 ③의 볶음밥을 넣은 뒤 삼각형 모양이 되도록 달걀을
덮는다.
5 접시에 삼각형으로 만든 오믈렛을 담고 장식으로 다진 토마토와 파슬리를 올린다. 케첩을 곁들인다.

시 금 치

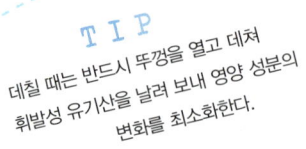

TIP
데칠 때는 반드시 뚜껑을 열고 데쳐
휘발성 유기산을 날려 보내 영양 성분의
변화를 최소화한다.

시금치의 베타카로틴은 면역력을 증강시킨다. 시금치에 함유
된 베타카로틴은 피부와 점막을 건강하게 해서 면역력과 저항력을 높이는 동시에
노화 예방에도 효과가 있다. 시금치에 들어 있는 루테인은 눈에서 항산화 작용을 해 나이가
들면서 생기는 눈의 각종 질환을 예방한다.
시금치는 진한 푸른색을 띠는 게 좋은 것인데, 이런 푸른색을 내는 엽록소는 세포나 유전자
의 손상을 막아준다. 또한 엽산은 암 억제 유전자를 복구하며 불안감을 해소하고 신경을 안
정시켜주는 효과가 있다. 체내에 엽산이 부족하면 뇌에서 기분을 좋게 하는 신경전달물질이
줄어들어 불면증이나 불안 증세가 나타난다.

제철 겨울부터 초봄까지
같이 먹으면 좋아요 시금치의 수산은 칼슘이 많은 식품과 같이 조리하면 몸속에 결석이 생
기지 않고 배출되도록 돕는다. 또한 시금치의 엽산은 비타민 B$_{12}$가 풍부한 등푸른생선이나
조개류, 치즈 등과 같이 먹으면 잘 흡수된다. 특히 시금치의 베타카로틴 성분은 들기름 등의
기름과 함께 먹으면 흡수율이 높아지고, 엽산은 비타민 C와 함께 먹으면 체내 효과가 더 좋
지만 열에 약하기 때문에 살짝 데쳐 조리하는 게 좋다.
좋은 재료 선택하기 잎이 싱싱하고 윤기가 있는 것이 좋다. 잎은 짙은 녹색에 잎의 수가 많
고 비교적 두꺼우며 잎의 길이가 짧고 통통한 것이 좋다.
조리 포인트 시금치를 다듬을 때 뿌리를 잘라내 버리지 말 것. 무심코 버리는 시금치의 뿌리
에는 우리 몸에 해로운 요산을 배설하는 작용을 하는 구리와 망간이 들어 있다.
이렇게 보관하세요 데치지 않고 보관할 때는 신문지에 잎이 눌리지 않도록 가볍게 싼 뒤 분
무기로 축축할 정도로 물을 듬뿍 뿌려 비닐팩에 담은 다음 뿌리가 아래쪽으로 가도록 세워
냉장고의 채소 칸에 보관한다.

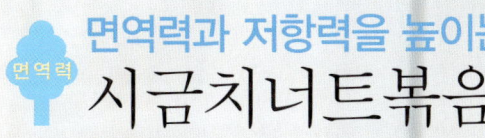

면역력과 저항력을 높이는
시금치너트볶음밥

재 료 ● 현미밥 2공기, 시금치 6포기, 햄 1장, 잣 2, 간장 2, 식용유 약간

★ 재료중 시금치는 다진 김치로 응용 가능. 잣은 호두, 땅콩 등 너트류로 변경 가능

만들어보세요

1 시금치는 다듬어서 끓는 물에 살짝 데친 후 찬물에 헹궈 1cm 길이로 자른 후 물기를 뺀다.

2 잣은 기름을 두르지 않은 팬에 노릇하게 볶는다. 다른 너트류도 준비해 함께 넣어도 좋다.

3 햄은 잣 크기로 자른 후 체에 놓고 끓는물을 부은 후 물기를 뺀다.

4 팬에 식용유를 두르고 밥을 볶다가 잣과 햄, 다진 시금치를 넣고 볶은 뒤 간장으로 간을 한다.

볶은밥은 더운밥보다는 찬밥으로 해야 더 맛이 좋지요. 시금치를 데쳐서 넣기 때문에 많이 먹을 수도 있고요, 각종 너트를 넣어도 좋은데 마른 팬에 한번 노릇하게 볶으면 바삭하게 씹히는 맛이 일품이랍니다.

오메가-3 지방산이 세포를 튼튼하게 하는
시금치들깨수제비

들깨가 시금치의 베타카로틴 흡수를
도와주며, 들깨의 칼슘이 시금치에 들어 있는
수산의 체내 흡수율을 낮춰줘요.
수제비 반죽은 반죽한 다음 오랫동안 둘수록
밀가루의 쫄깃함을 더해주는 글루텐이 형성돼
더욱 맛이 좋아진답니다.

재 료 ● 시금치 1/4단, 감자 1개, 애호박 1/2개, 대파 1/2대, 국간장 · 소금 약간씩

시금치즙 시금치 1/4단, 물 1/2컵

육수 물 6컵, 다시마(5×5cm 크기) 3조각, 국물 멸치 15마리

수제비 반죽 우리 밀가루 2컵, 소금 약간, 시금치즙

들깨즙 들깨 1컵, 불린 찹쌀 4(또는 멥쌀), 육수 2컵

★ 재료중 감자와 애호박은 생략 가능. 시금치즙은 부추즙이나, 미역 · 다시마 가루 응용 가능

만 들 어 보 세 요

1 찬물에 다시마를 넣고 끓이다가 멸치를 넣고 10여 분간 팔팔 끓인 뒤 멸치와 다시마를 건져내 육수를 만든다.

2 손질한 시금치를 씻어 송송 썬 후 물(1/2컵)을 붓고 갈아 면포에 짜서 시금치즙을 낸다.

3 볼에 수제비 반죽 재료를 넣고 고루 섞어 반죽한 다음 치댄다.

4 ③의 반죽을 비닐팩에 담아 30분가량 휴지한다.

5 깨끗하게 손질한 시금치와 파는 3cm 길이로 자르고, 애호박은 은행잎 모양으로 자른다.

6 믹서에 불린 찹쌀과 들깨를 넣고 ①에서 만들어 둔 육수 2컵을 부어 블렌더에 곱게 간 다음 체에 밭쳐 들깨즙을 만든다.

7 ①의 육수에 들깨즙을 넣고 끓이다가 굵게 썬 감자를 넣고 수제비 반죽을 물을 묻힌 손으로 얇게 떼어 넣는다.

8 ⑦에 애호박과 시금치, 파를 넣고 끓이다가 국간장과 소금으로 간을 맞춘다.

엽산과 철분이 풍부한
면역력 시금치된장국

재 료 ● 시금치 1/2단, 조개 200g(또는 멸치 육수), 물 7컵, 된장 3, 다진 마늘 1,
실파 1뿌리, 다진 마늘 0.5

만들어보세요

1 손질한 시금치는 끓는 물에 소금을 넣고 뿌리 쪽부터 넣어 살짝 데친 다음
   찬물에 헹궈 4cm 길이로 썬다.
2 조개는 바락바락 문질러 맑은 물이 나올 때까지 씻어 해감한 다음 다시 한번
   씻어 물 7컵을 붓고 끓인다. 조개가 입을 벌리면 국물은 체에 밭쳐 맑게 거르
   고, 조개는 따로 건져둔다.
3 ②의 조개 육수에 된장을 푼 다음 팔팔 끓으면 데친 시금치를 넣는다.
4 ③의 된장국이 부르르 끓어오르면 송송 썬 파와 다진 마늘, 건진 조개를 넣
   어 맛이 잘 어우러지게 한소끔 끓인다.

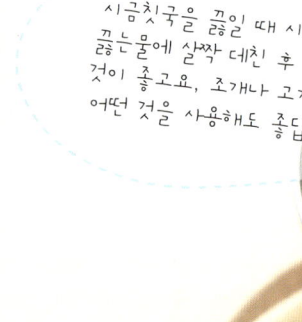

시금치국을 끓일 때 시금치는
끓는물에 살짝 데친 후 끓이는
것이 좋고요, 조개나 고기 육수
어떤 것을 사용해도 좋답니다.

면역력

베타카로틴과 엽산의 보고
시금치무침

시금치는 영양소가 풍부하지만
수산의 함량이 높은데 참깨와 먹으면
참깨가 수산의 흡수를 낮춰주며
시금치의 비타민 C가 깨의
철분 흡수를 도와줘요.

재 료 ● 시금치 1/2단, 소금 0.2, 깨소금 2, 참기름 1, 다진 파 1, 다진 마늘 0.5

만 들 어 보 세 요

1 시금치는 가닥가닥 뜯은 다음 흐르는 물에 씻은 후 끓는 물에 소금을 넣고 15초 동안 데친다.

2 데친 시금치를 찬물에 헹궈 물기를 꼭 짠 후 4~5cm 길이로 자른다.

3 ②의 시금치를 양념이 잘 배도록 턴 후, 볼에 남은 재료를 모두 한데 담고 조물조물 무친다.

T I P 나물은 채소나 산나물, 들나물, 뿌리 등을 데친 다음 갖은양념에 무쳐 만든 반찬을 말한다. 보통 장수하는 사람들이 많이 사는 지역의 식단을 조사해보면 특징 가운데 하나가 나물을 즐겨 먹는 것이라는 보고도 있다. 채소를 데치면 비타민이 조금 파괴되지만 부피가 1/5로 줄어들기 때문에 더 많은 영양소를 섭취할 수 있다. 또한 데친 채소는 섬유소가 부드러워지면서 고유의 색소 성분이 우리 몸에 흡수되는 장점이 있다.

1

2

3-1

3-2

PART 3
두뇌가 좋아지는 레시피

두뇌는 유아기에 급속하게 성장해 2세 때는 성인의 50%, 8세쯤 되면 성인과 거의 비슷한 수준이 된다. 출생부터 8세까지는 무엇을 먹느냐에 따라 두뇌 성장에 많은 영향을 준다. 뇌를 둘러싸고 있는 막의 대부분이 '지방'이므로 건강한 뇌를 가지려면 세포막이 건강해야 한다. 그러므로 뇌를 구성하는 단백질, 지질, 탄수화물을 풍부하게 함유한 식품을 꾸준히 섭취해야 한다. 특히 세포막을 이루는 주성분인 지방, 즉 콜레스테롤과 인지질, 필수지방산을 적당히 섭취해야 한다.

좋은 두뇌를 만드는 데 필요한 영양소와 식품

단백질

단백질은 체내에서 근육과 장기 등의 구성 성분이기도 하지만, 신경전달물질을 만들고 뇌를 이루는 중요한 성분이기도 하다. 단백질 결핍은 지능 발달에 영향을 준다. 그러나 신경전달물질의 양이 늘어난다고 해서 뇌의 기능이 좋아지는 것은 아니다. **대표 식품 : 쇠고기 · 돼지고기 등의 육류, 달걀, 콩, 두부, 참치 · 조기 · 꽁치 등 생선, 새우 등**

탄수화물

가장 중요한 열량 공급원이며 부족하면 쉽게 피곤해지고, 뇌에 에너지원이 떨어지기 때문에 뇌의 활동이나 집중력이 저하된다. 뇌는 성인의 경우 체중의 2% 정도의 비율을 차지하지만 에너지 소비량은 20~30%에 이를 정도로 에너지 소비가 높은 기관이다. 뇌가 정상적으로 움직이기 위해서는 포도당만을 에너지원으로 이용한다. **대표 식품 : 현미, 빵, 국수, 떡, 고구마, 단호박, 감자 등**

비타민 B군

당질이 에너지로 이용되기 위해서는 비타민 B군의 섭취가 필수적이다. 비타민 B_1이 부족하면 신경전달물질인 세로토닌의 대사가 저하되기 때문에 뇌 기능이 둔화된다. 특히 양파, 파, 마늘 등은 혈액 속에 비타민 B_1이 머무르는 시간을 길게 해줘 효과를 극대화시킨다. 비타민 B_6, 비타민 B_{12} 역시 부족할 경우 뇌 기능을 저하시킨다. **대표 식품 : 돼지고기, 고등어, 각종 콩, 현미 등**

오메가-3 지방산

오메가-3 지방산은 뇌를 젊게 만들어준다. 보통 들기름이나 생선의 지방에 EPA나 DHA가 풍부한데, 이는 혈액의 염증을 막고 뇌를 활성화한다. 뇌의 세포막은 2~3개월 주기로 바뀌므로 EPA나 DHA가 풍부한 식사를 지속적으로 하는 것이 좋다. **대표 식품 : 장어, 꽁치, 고등어, 삼치, 들기름, 멸치 등**

철분

철분 결핍 시 산소가 부족해 뇌의 기능 저하가 일어날 수 있고 정신 발달 검사에서 점수가 낮은 경향을 보이며 문제 해결을 위한 집중력도 떨어진다고 보고된다. **대표 식품 : 각종 동물의 간, 조개, 미꾸라지, 파래, 건새우, 굴, 콩가루, 무청, 시금치 등**

호두와 잣

'호두를 먹으면 머리가 좋아진다'라는 말이 있을 정도로 호두의 불포화지방산은 뇌에 꼭 필요한 뇌의 구성 성분으로서, 신경세포의 정상적인 기능을 유지하는 데 도움을 준다. 특히 호두와 잣에는 뇌 조직 성분을 합성하는 필수지방산인 리놀레산이 풍부해 기억력을 좋게 하는 효능도 있다. 견과류의 지방은 몸속의 콜레스테롤 함량을 떨어뜨리고 혈관벽에 붙어 있는 오래된 지방을 씻어내 피를 잘 통하게 하므로 신체 각 부분이 건강해질 수 있다. 특히 호두가 심장 건강에 크게 도움이 되는 이유는 오메가 3 지방산이 심장과 순환 계통 건강을 유지하는 데 도움을 주기 때문이다. 뿐만 아니라 호두와 잣은 비타민 E가 풍부해 피부의 수분 손실을 막아주고 피부막을 재생시켜 피부를 건강하게 한다.

같이 먹으면 좋아요. 비타민 C와 같이 섭취하면 호두의 비타민 E 흡수율이 높아진다. 또한 호두의 지방질은 녹황색 채소에 풍부한 카로틴의 흡수를 돕는다.

좋은 재료 선택하기 질 좋은 호두는 껍데기가 얇고 연한 황색을 띠며, 깨물면 속이 꽉 차 있는 것이다. 호두는 지방 함량이 50% 이상이므로, 오래되지 않은 것을 구입하는 것이 매우 중요하다. 구입 시 상품 회전율이 높은 상점을 이용하는 것이 좋다.

조리 포인트 호두를 먹을 때는 호두 속껍질까지 같이 먹는 것이 좋다. 호두 속껍질의 쌉싸래한 맛은 레드 와인에 들어 있는 폴리페놀과 같은 성분으로 호두 한 줌이 레드 와인 한 잔보다 폴리페놀의 함유량이 많다.

보관법 소량씩 구입하는 것이 좋으며 남은 호두는 공기와 통하지 않게 밀봉해 냉동 보관한다.

뇌에 활력을 주는
잣죽

두뇌

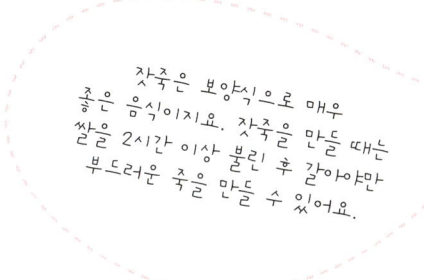

잣죽은 보양식으로 매우
좋은 음식이지요. 잣죽을 만들 때는
쌀을 2시간 이상 불린 후 갈아야만
부드러운 죽을 만들 수 있어요.

재 료 ● 쌀 1컵, 잣 1/2컵, 물 6컵, 소금 · 설탕(또는 꿀) 약간씩

만 들 어 보 세 요

1 쌀은 씻어서 물에 2시간 이상 충분히 불린 다음 소쿠리에 건져 물기를 뺀다.

2 블렌더에 쌀에는 물 1컵, 잣에는 물 1/2컵을 넣어 되직하게 따로따로 간다.

3 두꺼운 냄비에 쌀 간 것과 나머지 물을 부어 나무 주걱으로 서서히 저어가면서 끓인다.

4 쌀이 끓어올라 투명해지면 5분가량 더 끓이다가 약한 불에서 잣즙을 조금씩 넣어 멍울이 지지 않도
록 주걱으로 저어가며 어우러질 때까지 서서히 끓인다. 소금과 설탕을 약간씩 넣어 간을 맞춘다.

T I P 잣죽은 만드는 법이 간단하지만 주의하지 않으면 쉽게 삭을 수 있다. 끓일 때 잣과 쌀을 한꺼번에 넣고 끓이면 죽이
묽게 삭아버리므로, 먼저 쌀가루 물을 끓인 후 잣즙을 넣어가며 끓이는 것이 좋다. 소금은 먹기 직전에 넣는 것이 좋다.

1 2 3 4

뇌세포의 형성을 돕는
호두장과

호두의 리놀레산이
기억력을 좋게해 머리가 좋아져요.
'장과'란 조림을 뜻하는
궁중 용어랍니다.

두뇌

재 료 ● 호두 150g, 쇠고기(우둔) 50g, 생강 1톨, 참기름 0.2, 통깨 약간
조림장 간장 3, 설탕 1, 청주 1, 꿀 1, 물 2

만 들 어 보 세 요

1 호두는 끓는 물에 살짝 데쳐 떫은맛을 뺀다. 생강은 깨끗이 씻어 껍질을 벗겨 얇게 저민다.

2 쇠고기는 기름기가 없는 부위로 준비해 결 반대 방향으로 썬다.

3 냄비에 분량의 조림장 재료와 저민 생강을 넣고 한소끔 끓어오르면 쇠고기를 넣어 조린다.

4 ③의 쇠고기가 익어 흰색으로 변하면 데친 호두를 넣고 약한 불에서 뭉근히 조린다. 조림장이 줄어
들면 불을 끈 뒤 참기름과 통깨를 넣어 고루 섞는다.

T I P 호두는 속껍질에서 쓴맛이 나는데, 아이들은 이 맛 때문에 호두 먹기를 꺼린다. 이 쓴맛은 물에 녹는 성질이 있으므로
끓는 물에 1~2분 정도 데쳐 노란색 물을 빼 사용하면 쓴맛을 줄일 수 있다.

가지

T I P
가지나물은 수분이 많아 여름철 가장 잘
상하는 음식 중 하나다. 하지만 가지를 살짝 쪄서
양념에 식초 몇 방울을 떨어뜨려 나물로 무치면
변하지도 않으면서 가지의 좋은 성분을
다 먹을 수 있다.

우리나라에서 가지의 역사는 오래되었다. 〈해동역사〉에 보면 신라 때 가지의 품종이 우수해
서 중국 사람들이 그 씨를 받아가 심었다는 기록이 나온다. 가지에는 93%의 수분과 단백질,
탄수화물, 칼슘, 인, 비타민 A, 비타민 C 등이 함유되어 있다. 칼로리가 낮아 다이어트 식품
으로 각광받고 있으나 사실 영양 면에서는 높은 평가를 받지 못했다. 하지만 최근 가지에 발
암 물질의 기능을 억제하는 효능이 있다는 사실이 알려지면서 가지에 대한 대접이 달라지고
있다. 특히 가지의 보라색 색소 성분이 남다른 효과가 있다고 알려졌다. 가지에 함유된 '콜
린'이라는 성분은 뇌의 기억 형성을 도와 기억력을 높여준다.

제철 여름에서 초가을까지
같이 먹으면 좋아요 가지에는 식품 속에 있는 색소나 발색제에서 나오는 발암 물질을 억제
하는 효과가 있어 인스턴트 음식을 먹을 때 함께 곁들이는 것이 좋다.
좋은 재료 선택하기 색이 진하고 손으로 눌러보았을 때 단단하며 탄력이 있는 가지를 고른
다. 너무 큰 것은 씨가 많으므로 피한다.
조리 포인트 가지는 기름이 많이 들어가는 튀김, 무침, 볶음 등의 조리법이 잘 어울리는 채
소다. 가지는 지방질을 잘 흡수하는 성질이 있어 튀김으로 조리해 먹는 것이 가장 좋다. 또
한 가지는 잘라두면 변색되므로 먹기 직전에 잘라서 조리하는 것이 좋다
이렇게 보관하세요 자르지 않은 상태로 물기 없이 비닐랩으로 싸거나 비닐팩에 넣어 보관
한다.

두뇌

기억력을 좋게 하는
가지차돌박이볶음

재 료 ● 가지 1개, 쇠고기(차돌박이) 50g(또는 우둔살이나 등심), 실파 2
뿌리, 다진 마늘 1, 소금 0.2, 식용유 0.5, 들기름 0.5, 깨소금 약간

만 들 어 보 세 요

1 가지는 꼭지를 따고 반으로 갈라서 0.5cm 정도 두께로 어슷어슷 썬다.

2 차돌박이는 1cm 폭으로 길쭉하게 자르고 실파는 송송 썬다.

3 달군 팬에 식용유와 들기름을 넣은 뒤 다진 마늘을 넣고 향을 내다가 가지
를 넣어 볶는다.

4 ③의 가지가 숨이 죽으면 차돌박이를 넣고 한 번 더 볶은 후 실파를 넣고
불을 끈다. 깨소금을 넣고 소금으로 간을 맞춘다.

기억력을 좋게하는 가지는
기름과 잘 어울려 볶아서
나물을 해도 좋은데, 특히 쇠고기를 같이
볶을 때는 차돌박이를 부위를 쓰면 좋습니다.
차돌박이는 기름기가 많고 쫄깃해
가지와 잘 어울리지요.

학습 능력을 향상시키는
가지호박버섯구이

가지는 아이들이 싫어하는 채소 중 하나죠.
하지만 들기름에 노릇하게 구우면 씹을 때
질감이 좋고 맛도 좋아 아이들이
잘 먹는답니다. 단, 가지는 잘 익혀야 하며
들기름은 발연점이 낮기 때문에
중간 불에서 지져야 해요.

재 료 ● 가지 1개, 양송이버섯 1개, 애호박 1/4개, 들기름 2, 식용유 1
양념장 간장 1, 설탕 0.5, 송송 썬 실파 1, 다진 마늘 0.3, 깨소금 0.2
★ 재료중 양송이버섯과 애호박은 생략하거나 다른 채소로 변경 가능

만 들 어 보 세 요

1 가지는 꼭지를 자르고 반으로 가른 다음 가운데에 칼집을 두 군데 넣어 어슷하게 썬다.

2 양송이버섯은 반으로 갈라 2cm 길이로 어슷하게 썬다. 애호박은 길이로 4등분해 가지보다 작게 자르고
   씨가 많으면 씨 부분을 잘라낸다.

3 볼에 양념장 재료를 고루 섞어 만든다. 가지를 구울 때 기름이 들어가므로 기름은 넣지 않는다.

4 달군 팬에 들기름과 식용유를 두른 후 가지와 호박, 버섯을 구워 따뜻할 때 양념장을
   끼얹어 먹는다.

T I P 들기름은 우리가 예전부터 많이 먹던 기름이다. 요즘에는 들기름에 오메가-3
지방산이 많이 함유돼 있다는 것이 알려지면서 각광받고 있다. 들기름은 볶은 후 짠
것보다는 들깨를 씻어서 말린 후 생으로 기름을 짠 것이 색도 더 노란빛을 띠며 영
양가도 더 높다. 오메가-3 지방산 성분은 열을 받으면 잘 변하기 때문에 생으로
기름을 짠 게 더욱 좋다.

볶은 들기름

쫀 들기름

두뇌

두뇌를 맑게 하는
가지튀김

가지는 식품의 색소나
발색제에서 나오는 발암 물질을 억제하는
효과가 있어 색소가 들어간 식품이나
햄 등을 많이 먹는 아이들에게
챙겨주는 것이 좋아요.

재 료 ● 가지 1개, 다진 돼지고기 50g, 밀가루 2, 달걀 1개, 빵가루 1/2컵, 튀김기름 적당량
고기 양념 소금 0.1, 다진 마늘 0.5, 청주 0.3, 후춧가루 약간

만 들 어 보 세 요
1 가지는 2cm 두께로 어슷하게 썰어 가운데에 칼집을 넣는다.
2 볼에 고기 양념 재료를 한데 넣어 만든 다음 다진 돼지고기를 넣어 한 덩어리가 되도록 치댄다.
3 가지 칼집 사이에 밀가루를 뿌려 털어낸 후 ②의 돼지고기 반죽을 고루 넣는다.
4 ③의 가지에 밀가루, 달걀물, 빵가루 순으로 튀김옷을 입힌 후 160℃로 달군 기름에 바삭하게 튀긴다.

T I P
오징어 껍질을 벗길 때는 손에
소금을 묻혀가며 벗기면 쉽다.

오징어

마른 오징어 표면에는 흰 가루가 가득하다. 이 가루는 타우린이라는 성분으로 단백질인 아미노산의 일종이다. 타우린은 우리 몸에서 간세포의 재생을 촉진해 피로 해소에 효과가 있고, 혈중 콜레스테롤을 감소시켜 혈압을 정상화시킨다. 또한 혈액순환을 원활하게 해 심혈관계를 조절하며 중추신경계 등의 흥분 조직에 중요한 역할을 한다.

오징어는 머리가 좋아지는 식품으로도 알려져 있는데, 이는 풍부한 타우린과 단백질이 뇌세포를 만드는 데 도움을 주기 때문이다. 마른 오징어는 수분의 함량이 낮아 같은 양의 육류보다 단백질의 함량이 훨씬 높다. 오징어는 산성 식품이기도 하지만 너무 많이 먹을 경우 소화가 잘 안 되므로 한번에 많이 먹는 것은 좋지 않다. 흔히 오징어는 콜레스테롤이 높다고 알고 있는데 오징어의 풍부한 타우린이 그 흡수를 낮출 수 있다.

제철 사시사철 좋지만, 겨울철이 가장 맛있다.

같이 먹으면 좋아요 오징어는 강한 산성 식품이라 위를 자극할 수 있으므로 알칼리성인 채소와 같이 먹는 것이 좋다. 오징어는 쌀에 부족한 아미노산인 리신이 풍부해 쌀밥과 잘 어울린다.

좋은 재료 선택하기 촉촉하게 물기를 머금고 살이 단단하며 갈색이 진한 것이 좋다. 또 껍질에 상처가 없고 눈가에 흰 부분이 많은 것이 신선한 것이다. 마른 오징어는 만져봤을 때 두껍고 푹신한 것이 싱싱한 오징어를 말린 것이다. 냉동 오징어를 말린 것은 살이 얇고 탄력이 없으며 크기가 크다. 또한 다리 10개가 다 벌어져 있는 것이 좋은데, 겹쳐 있으면 그 부분이 상하기 쉬워 품질이 떨어진다.

조리 포인트 오징어튀김을 하다 보면 기름이 튀어 화상을 입기 쉬운데, 오징어 껍질을 벗기고 안쪽에 붙은 하얀 막을 벗기면 그 사이에 들어 있던 물이 빠져 튀길 때 기름이 튀지 않는다.

이렇게 보관하세요 오징어는 쉽게 상하므로 보관에 특히 주의해야 한다. 그날 사용할 것이 아니라면 내장과 눈, 빨판을 제거한 다음 깨끗이 씻어서 물기를 닦아낸 다음 다리와 몸통을 분리해서 냉동 보관한다.

 두뇌

뇌세포를 활발하게 하는
오징어무말랭이

재 료 ● 마른 오징어 1마리, 무말랭이 1컵(50g)
양념장 간장 2, 조청 1, 설탕 0.5, 고춧가루 0.5, 다진 마늘 0.5, 다진 파 0.5, 통깨 약간

만 들 어 보 세 요

1 마른 오징어를 채 썬 후 반으로 잘라 오징어가 잠길 정도만 물을 부어 2~3 시간가량 불린다.

2 무말랭이는 물에 5분 정도 불린 후 건진 다음 슬쩍 짠다.

3 볼에 분량의 재료를 넣어 양념장을 만든다.

4 불린 무말랭이에 양념장을 넣고 골고루 버무린후 물기를 꼭 짠 오징어를 넣고 골고루 섞는다.

T I P 무말랭이나 나물 등 각종 채소를 말려 먹으면 섬유소의 양도 늘어날 뿐 아니라 영양 성분도 농축돼 일석이조의 효과가 있다. 말릴 때 햇볕에 말리면 더 좋다.

마른 오징어를 오랫동안 씹으면
머리가 좋아진답니다. 딱딱한 것을 씹으면서
턱을 움직이면 머리로 가는 혈류량이
늘어나 산소 공급도 원활해지고
기억력도 증가하죠.

뇌세포 형성을 돕는
오징어조림

오징어는 잘못 조리하면 질겨지기 쉬운데,
무와 함께 졸이면 연해진답니다. 무에 각종 소화 효소가
있어 오징어를 연하게 만들고 소화도 도와주죠.
무에서 수분이 나와 물을 넣지 않고도 촉촉하게
졸여져요. 뿐만 아니라 오징어 맛이
무에 배들어 더 맛있답니다. 단, 두꺼운 냄비가 좋고
뚜껑을 덮은 채 조리해야 해요.

재 료 ● 오징어 1마리, 무 1/4개, 다시마(5×5cm 크기) 1조각, 실파 1대
조림장 간장 2, 청주 1, 조청 2

만 들 어 보 세 요

1 오징어는 손질한 후 깨끗이 씻어 링 모양으로 자른다.

2 무는 깨끗이 씻어 껍질을 벗기지 말고 큼직하게 토막 낸다.

3 냄비에 무를 깔고 다시마를 올린 후 무가 반쯤 잠길 정도의 물을 붓고 5분가량 투명해
  지도록 익힌다.

4 ③의 냄비에 오징어를 넣은 후 분량대로 만든 조림장을 끼얹은 다음 뚜껑을 덮어 은근
  하게 조린다.

5 실파를 썰어 넣고 끓어오르면 불을 끈다.

두뇌 회전이 좋아지는
오징어채무침

오징어채는 의외로 세균이
높은 경우가 있지요. 한번 찐 후
조리하면 살균도 되면서
부드러워져서 좋아요.

재 료 ● 오징어채 100g, 참기름 1, 통깨 0.3
고추장 소스 고추장 3, 조청 3, 생강즙 0.1, 다진 마늘 0.2, 청주 0.5, 간장 0.2

만 들 어 보 세 요

1 오징어채를 먹기 좋은 크기로 잘라 한 김 오른 찜통에 넣어 갈색이 날 때까지 중간 중간 뒤집어가며
  10분간 찐다.
2 ①의 오징어채가 한 김 나가면 볼에 담아 참기름으로 버무린 후 통깨를 넣어 고루 섞는다.
3 냄비에 분량의 재료를 넣고 고추장 소스를 끓인다.
4 ②의 오징어채에 고추장 소스를 끼얹어 조물조물 버무린다.

T I P 고추기름
어른들은 참기름 대신 고추기름으로 무치면 매콤한 맛이 나 더 좋아한다. 냄비에 식용유를 붓고 저민 마늘과 생강, 고춧
가루를 넣어 약한 불에서 천천히 끓인 다음 면포에 밭쳐 맑게 걸러내야 구수하면서도 매콤한 고추기름이 완성된다. 식용유가
1/2컵에 고춧가루 3큰술, 마늘 3쪽, 생강 1톨 정도로 만들면 적당하다.

1

2

3

4

두뇌

뇌의 피로를 풀어주는
오징어채소볶음

재 료 ● 오징어 1마리, 양배추 3장, 브로콜리 1/3송이, 다진 마늘 0.5, 참기름 0.2, 식용유 약간 **조림장** 간장 2, 청주 1, 조청 1, 깨소금 0.1
★ 재료중 양배추와 브로콜리는 양파로 변경 가능

만 들 어 보 세 요

1 오징어는 내장을 빼고 깨끗이 씻어 안쪽에 어슷하게 칼집을 낸 다음 먹기 좋은 크기로 자른다. 아이가 어리면 작게, 좀 크다면 적당히 큼직하게 자른다.

2 양배추는 오징어와 비슷한 크기로 자르고, 브로콜리는 먹기 좋은 크기로 송이를 나눈다.

3 달군 팬에 식용유를 두르고 뜨거워지면 다진 마늘을 볶다가 양배추와 브로콜리를 볶는다. 마지막으로 오징어를 넣고 센 불에서 재빠르게 볶는다.

4 오징어가 익어 동그랗게 말리면 분량대로 만든 조림장을 넣고 센 불에서 볶다가 마지막에 참기름을 넣는다.

오징어를 맵지 않게 간장으로
양념하면 아이들도 잘 먹어요.
볶을 때는 센 불에서
볶아내야 연하답니다.

두뇌

뇌가 건강해지는
낙지볶음

바다의 산삼인 낙지를
소고기와 함께 센 불에서
살짝 볶으면 아이들 밥반찬으로
인기만점입니다.

재 료 ● 낙지 1마리(200g), 쇠고기 100g, 양파 1/2개, 쑥갓 50g(또는 실파), 밀가루 · 식용유 약간씩
고기 양념 간장 1, 설탕 0.2, 참기름 0.3, 후춧가루 약간
낙지 양념 참기름 1, 고춧가루 1, 간장 1, 설탕 1, 다진 파 1, 다진 마늘 0.5, 다진 생강 0.1, 깨소금 0.5

만 들 어 보 세 요

1 낙지는 밀가루를 뿌린 다음 바락바락 주물러 씻어 4~5cm 길이로 썬다.
2 쇠고기는 채 썬 후 분량의 고기 양념으로 조물조물 무친다.
3 양파는 채 썰고, 실파는 다듬어서 5cm 길이로 썬다.
4 낙지 양념 재료 중 참기름과 고춧가루를 먼저 고루 섞은 다음 나머지 양념을 모두 섞어서 손질한
  낙지에 넣고 골고루 버무린다.
5 달군 팬에 식용유를 두르고 먼저 양파를 넣어 잠시 볶다가 쇠고기와 낙지를 넣어 고루 볶는다. 고기
  와 낙지가 익으면 쑥갓 또는 실파를 넣고 섞은 후 불을 끈다.

산삼과 버금가는 낙지

"말라빠진 소에게 낙지 서너 마리를 먹이면 곧 강한 힘을 얻는다." 조선시대 수산물 관련 서적인 〈자산어보〉에
나온 낙지에 대한 설명이다. 어민들 사이에서는 낙지가 '뻘 속의 산삼'이라고 불렸다. 이처럼 낙지가 스태미나
음식으로 손꼽히는 이유는 타우린과 단백질을 풍부하게 함유한 데다 칼륨, 아연, 비타민 E 등 많은 영양소가
들어 있기 때문이다.
낙지는 다른 연체류에 비해 지방의 함량이 낮아 담백하면서도 혈관과 두뇌 건강에 도움을 주는 DHA, EPA가
풍부하다. 특히 낙지의 타우린은 간을 보호하고 신진대사를 원활하게 하기 때문에 기운이 떨어질 때 먹는
싱싱한 낙지 한 접시는 어떤 약보다 효과가 좋다. 또한 타우린은 콜레스테롤을 효과적으로 낮춰주는 작용을
하며, 신경을 안정시키는 아세틸콜린도 포함하고 있다.

꽁치

꽁치는 단백질과 지방질이 풍부한 대표적인 등푸른생선으로 값도 싸고 맛도 좋아 많은 사랑을 받고 있다. 단백질 함량이 높고 질 좋은 필수아미노산이 풍부한 매우 우수한 식품이다.

꽁치에 풍부한 불포화지방산은 좋은 콜레스테롤을 늘려주고 혈액을 깨끗이 해서 동맥경화나 뇌졸중 같은 심혈관 질환을 막아준다. 특히 지방산 중 EPA는 혈전이 쌓이는 것을 막아 콜레스테롤을 낮춰주며, DHA는 두뇌에 활력을 주어 기억력과 학습 능력을 좋게 한다. DHA는 뇌와 신경, 눈 조직을 구성하는 영양 성분으로 기억과 학습 능력에 관여해 뇌 활동이 활발한 성장기 어린이들에게 매우 좋은 성분이다. 뇌는 60%가 지방으로 이뤄져 있으며 이 가운데 DHA는 두뇌의 기능을 촉진하는 주요 성분으로, 반드시 식품으로 섭취해야 한다.

제철 꽁치는 계절에 따라 지방 양이 차이가 나는데 여름철에는 10% 정도였다가 가을철에는 20% 정도로 늘어난다. 서리가 내릴 때쯤이 지방 함량이 가장 높고 맛도 좋다.

같이 먹으면 좋아요 혈관 질환을 예방하기 위해서는 등푸른생선의 불포화지방산과 체내에서 나트륨을 배출하는 칼륨이 풍부한 채소나 양파와 같이 먹는 것이 좋다.

좋은 재료 선택하기 단단하고 윤기가 있으며 살이 통통하게 오른 것이 좋다. 꽁치는 암컷이 더 맛있으며, 주둥이와 꼬리가 노란색을 띠는 것이 좋다. 여름철에는 제철에 잡아 냉동한 꽁치가 더 맛있다.

조리 포인트 조리 방법에 따라 좋은 성분들의 흡수율이나 손실률이 달라진다. 꽁치의 EPA, DHA는 기름에 튀기면 손실이 많으므로 찜이나 조림으로 먹는 것이 좋다. 뿐만 아니라 껍질과 검은 살 부분에 더 많이 들어 있기 때문에 껍질까지 다 먹는 것이 가장 좋다.

이렇게 보관하세요 쉽게 상하는 내장을 제거한 다음 깨끗이 씻어 소금을 살짝 뿌린 후 한 번 먹을 만큼씩 따로 싸서 냉동실에 보관한다.

DHA가 뇌를 활성화하는
꽁치 생강조림

두뇌

재 료 ● 꽁치 2마리, 무 1/4개(또는 감자), 생강 2톨, 물 1/2컵
조림장 간장 4, 청주 3, 조청 2(또는 설탕), 다진 마늘·다진 실파 0.5

만들어보세요

1 꽁치는 비늘을 긁고 배를 갈라 내장을 제거한 후 깨끗이 씻어 3~4등분해
  0.5cm 간격으로 칼집을 낸다.
2 무는 도톰하게 썰고, 생강은 채 썬다.
3 볼에 분량의 재료를 넣어 조림장을 만든다.
4 냄비에 무를 깔고 꽁치를 얹은 후 생강채와 조림장, 물을 넣고 끓인다. 국물이
  끓어오르면 약한 불에서 뭉근히 조린다.

꽁치는 몸에 좋은
오메가-3 지방산이 풍부하지만
가장 큰 단점은 잘 변한다는 것이지요.
하지만 생강과 같이 조리를 하면
지방산의 변화를 막고 꽁치 특유의
비린맛도 낮춰진답니다.

165

기억력이 좋아지는
꽁치볼

두뇌

두뇌에 활력을 주는
꽁치를 색다르게 먹을 수 있어요.
꽁치로 볼을 만들어 알록달록한 재료와
번갈아 꼬치에 끼워주세요.
생선을 못먹는 아이도 좋아해요.
아이들은 똑같은 음식이라도
먹는 방법을 달리하면
잘 먹을 수 있거든요.

재 료 ● 꽁치 2마리, 깻잎 10장, 양파 1/4개, 떡볶기용 떡 4줄, 황·홍파프리카1/4개,
식용유 약간
조림장 간장 2, 조청 1, 청주 1, 생강즙 0.2, 다진 마늘 0.3(또는 마늘조림장 (253P 참조))

만 들 어 보 세 요
1 꽁치는 비늘을 긁고 배를 갈라 내장을 제거한 후 살만 포를 떠서 분쇄기로 간다.
2 깻잎은 송송 썰고, 양파는 다진다.
3 ①의 간 꽁치에 깻잎과 양파를 합해 반죽한 후 완자를 빚는다.
4 달군 팬에 식용유를 두른 후 완자를 지진다. 표면이 익으면 분량의 조림장을 넣어
   바글바글 끓인 후 약한 불로 서서히 조린다.
5 떡볶기 떡은 2cm 길이로 잘라 간장과 참기름을 약간 넣어 밑간한다.
6 파프리카는 2cm 길이로 자른 후 팬에 식용유를 두르고 살짝 볶는다.
7 준비된 꽁치볼과 떡볶기 떡, 파프리카를 어우러지게 꼬치에 꽂는다.

T I P 꼬치에 안 끼우고 그릇에 그냥 담아내도 좋아요.

달걀

TIP
달걀 껍데기의 두께는 사료 중의 칼슘과
비타민 D의 영향을 받지만 달걀 껍데기의
색은 맛이나 성분과는 무관하다.

달걀은 완전 식품으로 단백질, 지방, 무기질, 탄수화물 등의 영양소가 모두 풍부하다. 또한 어떤 재료보다 부담 없이 접할 수 있어 대중적으로 사랑받는 식품이다. 달걀은 흰자와 노른자로 나뉘는데 흰자는 단백질 함량이 높고, 노른자는 지방과 철분 등의 함량이 높으며 혈관을 강화하고 혈액순환을 돕는 레시틴이 풍부하다. 레시틴은 뇌와 신경 조직의 성분이자 뇌를 활성화하는 주요 성분이다. 달걀에 풍부한 콜린은 기억력에 관계하는 신경전달물질로 체내에서 레시틴을 생성하고 뇌 활동 전반에 관여해 기억력, 집중력, 학습 능력을 높인다.

제철 사철

같이 먹으면 좋아요 달걀노른자의 철분은 비타민 C와 함께 먹으면 체내 흡수율이 높아진다.

좋은 재료 선택하기 껍데기가 까칠하고 두꺼운 것이 신선하다. 또 크기에 비해 무게감이 있고 달걀을 깼을 때 흰자가 맑지 않으며 희뿌연 빛을 띠는 것이 신선한 달걀이다. 바닥에 놓고 손으로 돌릴 때 잘 돌아가지 않는 것이 유정란이다. 요즘은 닭을 인공적으로 사육해 달걀을 생산하기 때문에 종종 항생제 성분이 검출되기도 하므로, 구입할 때 무항생제라고 표시된 것을 선택한다.

조리 포인트 달걀을 오래 삶으면 노른자의 표면이 암녹색으로 변한다. 이는 흰자의 유황이 가열에 의해 분해되면서 황화수소(H2S)를 만들어 노른자에 들어 있는 철분과 결합해 황화제일철(FeS)로 변색되기 때문이다. 달걀을 완숙으로 삶을 때 물이 끓기 시작한 뒤 약 12분 정도 삶아서 바로 냉수에 담가 완전히 식힌 다음 껍데기를 벗기면 변색이 적다.

이렇게 보관하세요 달걀을 보관할 때는 씻지 않고 냉장고에 보관한다. 이때 달걀의 넓은 쪽이 위로 가도록 한다. 달걀은 너무 낮은 온도에서 보관하면 빨리 상하며, 다공질이어서 주위의 냄새를 잘 흡수하므로 냄새가 심한 식품과 함께 보관하면 냄새가 밸 수 있다.

혈액순환을 돕는 레시틴이 풍부한

달걀시금치말이

재 료 ● 달걀 3개, 마늘 3쪽, 시금치 5포기(부추나 김으로 응용 가능), 모차렐라 치즈 1줌(생략 가능), 다진 김치 2, 소금 약간, 식용유 약간

시금치 양념 참기름 0.3, 소금 약간

만들어보세요

1 믹서에 달걀, 마늘, 소금을 넣어 곱게 간다(마늘이 안 보여 아이들이 잘 먹고, 믹서에 갈면 달걀이 한결 부드러워진다).

2 시금치는 끓은 물에 소금을 넣고 살짝 데쳐 찬물에 헹군 다음 시금치 양념으로 밑간하고 김치는 다져서 물기를 짠다.

3 ①의 달걀물에 모차렐라 치즈와 김치를 섞는다.

4 달군 팬에 식용유를 두른 뒤 ③의 달걀물을 붓고 ②의 시금치를 올린 다음 끝 쪽부터 말다가 뒤집어서 고루 익힌다. 두껍게 말다가 속이 잘 안 익으면 약한 불에서 뚜껑을 덮어 오래 익힌다.

시금치를 데쳐서 양념한 후 달걀로 말면 달걀이 친숙한 아이들은 잘 먹는답니다. 달걀의 지방 성분이 시금치 속 베타카로틴의 흡수를 도우니 더욱 좋지요.

169

두뇌

소화 잘되는 철분이 풍부한

달걀구이

달걀을 반숙으로 익힌 후 채소,
식빵과 곁들이는 음식으로
한 끼 식사로도 손색없어요. 또한 브로콜리의
비타민 C가 달걀노른자의 철분 흡수를
도와주지요.

재 료 ● 달걀 3개, 브로콜리 1/2송이, 베이컨 1줄, 식빵 2장, 마요네즈 1, 참기름 · 소금 약간씩
모차렐라 치즈 3(슬라이스 치즈로 변경 가능) ★ 재료중 브로콜리나 베이컨 대신 방울 토마토로 응용 가능

만 들 어 보 세 요

1 냄비에 물을 부어 끓어오르면 달걀을 넣고 9분가량 휘저으면서 삶는다. 찬물에 담가 식힌 후
  껍데기를 벗겨 반으로 가른다.

2 브로콜리는 먹기 좋은 크기로 잘라 끓는 소금물에 데친다. 물기를 걷고 참기름과 소금을 넣어
  밑간한다. 베이컨은 1cm 두께로 자른다.

3 식빵은 사방 1cm 크기로 잘라 식용유를 두르지 않은 팬에 바삭하게 굽는다.

4 내열 그릇에 달걀, 브로콜리, 식빵, 베이컨을 켜켜이 담고 마요네즈와 모차렐라 치즈를 얹은 후
  170℃로 예열한 오븐에 넣어 노릇하게 7분가량 굽는다.

T I P 달걀반숙은 흰자위는 거의 익히고 노른자위는 반쯤 익힌 것으로 소화가 쉽고 영양 흡수도 잘된다.

171

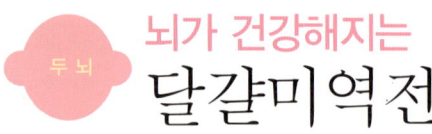

뇌가 건강해지는
달걀미역전
두뇌

달걀은 아이들이 좋아하는
식재료 중 하나이며 영양도 뛰어나지요.
그러나 섬유소가 없으므로 버섯이나
미역 등을 넣어 음식을 만들면 달걀의
부족한 점을 채울 수 있답니다.

재 료 ● 달걀 3개, 불린 미역 1/2컵, 새송이버섯 1/2개, 불린 목이버섯 5장, 마늘 3쪽, 소금 0.2, 식용유 약간 ★ 재료중 버섯류는 냉장고에 있는 자투리 채소도 가능

만 들 어 보 세 요

1 불린 미역은 굵게 다지고, 각종 버섯은 잘게 다진다.

2 믹서에 달걀, 마늘, 소금을 한데 넣어 곱게 간다(마늘이 눈에 띄지 않아 아이들이 잘 먹고 믹서에 갈면 달걀이 부드러워진다).

3 볼에 ②의 달걀물을 붓고 다진 미역과 버섯을 고루 섞는다.

4 달군 팬에 기름을 두르고 ③을 부어 노릇하게 익힌다.

두뇌

기억력이 좋아지는
달걀찜

재 료 ● 달걀 3개, 쇠고기(우둔) 40g, 물 1½컵, 새우젓 1(또는 소금 0.3), 실파 2대
고기 양념 다진 파 · 다진 마늘 0.3, 소금 0.1

★ 재료중 쇠고기는 생략 가능 또는 새우, 두부 등으로 응용

만 들 어 보 세 요

1 볼에 달걀을 깨뜨려서 흰자와 노른자가 잘 섞이도록 푼 다음 물을 넣고 고루
섞는다 체에 내려 알끈을 제거한다.

2 ①의 달걀물에 새우젓 건지만 다져 넣어 간을 맞춘다.

3 쇠고기는 곱게 다진 다음 고기 양념해 그릇에 담아둔다.

4 ③의 그릇에 ②의 달걀물을 붓고 송송 썬 실파를 얹는다.

5 한 김 오른 찜통에 넣어 중간 불에서 약 10분 정도 찐 후 불을 끄고 10분 정도
그대로 두면 적당히 부드럽게 쪄진다.

T I P 달걀찜은 너무 센 불에 익히면 달걀이 딱딱해지면서 기포가 생기기 쉽다. 또한 두꺼운 사기
그릇에 담아 찌면 열이 서서히 전달돼 부드럽게 만들어진다.

별다른 조리 과정 없이
달걀만 있으면 쉽게 할 수 있는 달걀찜.
달걀에 새우젓으로 간해 감칠맛도 좋고,
소화도 잘돼요. 달걀과 물 양의 비율이 잘
맞아야 부드러운 달걀찜이 됩니다.

1

2

3

4

PART 4
감기를 예방하는 레시피

감기는 가장 흔한 호흡기 질환 중 하나로 흔히, 만병의 근원이라고 한다. 단순한 감기는 인체의 면역기전에 의해 저절로 치유되는 것이 보통이지만, 소홀히 할 경우 아이들은 폐렴이나 중이염 등 여러 합병증이 나타날 수 있다. 감기에 잘 걸리는 것은 병에 대한 면역력이 떨어져 있는 경우가 많다. 특히 전반적인 영양 상태의 저하는 병에 대한 저항력을 떨어뜨린다. 감기를 포함해 대개의 감염성 질환은 체내 영양 소모가 커서 더 많은 영양소를 필요로 하지만 식욕 부진 등을 동반하는 다양한 증상으로 인해 정상적인 음식 섭취가 어렵다. 이럴때는 고열량, 고단백질 음식을 먹으면서 비타민을 충분히 섭취한다.

감기를 예방하는 데 필요한 영양소와 식품

이런 영양소가 필요해요

탄 수 화 물
감기에 걸리면 자연스레 기운이 떨어지므로 에너지원이 될 수 있는 탄수화물 섭취가 필요하다. 당질이 충분하지 않으면 단백질이 열량으로 소모된다. **대표 식품 : 밥, 빵, 국수, 감자, 고구마, 꿀 등**

단 백 질
단백질은 면역 항체를 만든다. 부족하면 병에 대한 저항력도 감소하는데 감기에 걸렸을 때는 소화 흡수가 쉽고 필수아미노산이 풍부한 동물성 단백질을 섭취하는 게 좋다. 특히 육류나 조개류와 같은 단백질 식품은 철분의 함량이 높아 챙겨 먹어야 한다. **대표 식품 : 쇠고기 · 돼지고기 등의 육류, 달걀, 콩, 두부, 참치, 조기, 꽁치, 새우 등**

지 방
버터나 달걀 등은 환자에게 알맞은 유지 식품으로 유화된 지방이 소화하기 쉽게 농축된 열량 공급원이다. 고단백, 고지방식이면서 소화기에 부담이 적어 좋다. **대표 식품 : 육류의 지방, 식용유, 버터, 달걀노른자, 견과류, 마요네즈, 등푸른생선 등**

아 연
아연은 새로운 세포를 만드는 데 꼭 필요하다. 단백질 합성과 면역 기능을 도와 감기를 심하게 앓는 기간을 줄여준다. **대표 식품 : 굴, 새우, 육류, 오징어, 메밀가루, 캐슈너트 등**

비 타 민
발열은 비타민제의 필요량을 증가시키므로 비타민 B 복합체, 비타민 A, 비타민 C 등을 충분히 보충해줘야 한다. 비타민 C는 신진대사를 조절하며 여러 가지 호르몬을 조절해 감기에 효과가 있다. 비타민 A는 눈의 각막, 구강, 위장, 기관지 등의 점막을 건강하게 유지시켜 준다. 부족해지면 호흡기로 세균이나 바이러스가 침입하기 쉬워져 감기에 잘 걸리게 된다.
대표 식품 : 비타민 B군 ⇨ 현미, 통밀빵, 간, 우유, 달걀, 돼지고기, 닭고기, 콩 등
비타민 C ⇨ 딸기, 귤, 키위, 포도, 파프리카, 고추, 양배추, 브로콜리 등
비타민 E ⇨ 명란, 땅콩, 아몬드, 해바라기씨 등
비타민 A ⇨ 각종 동물의 간, 장어, 달걀노른자, 당근, 망고, 살구, 파래, 김, 호박, 청경채 등

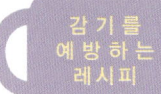

굴

TIP
굴을 씻을 때 무 간 것을 함께 넣고 씻으면
비린 맛도 가시고 더 싱싱해져 풍미가 좋아진다.
무의 소화 효소가 굴의 비린 맛을 효과적으로
제거해주기 때문이다.

굴은 단백질과 각종 비타민, 칼슘이 풍부해 '바다의 우유'라는 별칭이 붙어 있다. 굴은 칼로리가 낮으면서 영양학적으로도 가치가 높은 식품이다. 지방이 적고 단백질 함량이 높으며 무기질이 풍부한데 특히 혈액 구성 성분인 구리, 철분이 많아 조혈 작용이 뛰어나다. 그래서 굴을 먹으면 혈색이 좋아지고, 성장기에 좋은 식품이라 할 수 있다. 굴에는 아연이 풍부하게 들어 있는데 아연은 새로운 세포를 만드는 데 필요한 미네랄이자 감기를 앓는 기간을 줄여 준다.

제철 11~2월에는 글리코겐의 함량이 여름철에 비해 10배 이상 높아져 풍부한 맛을 낸다.
같이 먹으면 좋아요 레몬에 들어 있는 구연산은 굴이 쉽게 변하는 것을 막아주며 단백질이 쉽게 소화될 수 있도록 도와준다. 레몬 같은 비타민 C 성분을 함께 먹으면 굴에 들어 있는 철분의 흡수율을 높일 수 있다.
좋은 재료 선택하기 탄력이 있고 통통하며 유백색이면서 광택이 있는 것이 신선한 굴이다. 굴 하나하나에 또렷한 검은 테가 있는 것이 좋다.
조리 포인트 굴은 지나치게 가열하면 맛이 떨어지고 살이 오그라져 단단해지므로 살짝 익혀서 먹는 것이 좋다. 따라서 모든 재료를 준비한 뒤에 맨 나중에 넣거나 재빨리 익혀 먹어야 한다.
이렇게 보관하세요 굴은 채취 후 빨리 상하므로 바로 먹는 것이 제일 좋고, 남았다면 연한 소금물에 담가 냉장실에 보관하되 1~2일 안에 익혀 먹어야 한다.

감기

감기 회복에 좋은
굴튀김

생굴은 영양이 풍부한 만큼
변질되기도 쉽고 아이들이 먹기에도
부담스럽지요. 하지만 겨울철 통통한
굴을 뜨거운 기름에 살짝 튀기면
맛도 부드러워지고 아이들도
잘 먹어요.

재 료 ● 굴 200g, 간 무 2, 우리 밀가루 1/2컵, 달걀 2개, 빵가루 1컵, 청주 1, 소금 · 후춧가루 약간씩

만 들 어 보 세 요

1 굴에 무를 갈아 넣고 살살 버무려 더러움을 없앤 후 연한 소금물에 담가 씻어 건진다. 굴에 소금, 후춧가루,
  청주를 뿌려 밑간한다.

2 달걀은 볼에 풀어 소금으로 간을 맞춘다.

3 ①의 굴에 밀가루, 달걀물, 빵가루 순으로 튀김옷을 입힌 다음 170℃로 달군 뜨거운 기름에 바삭하게 튀긴다.

1   2   3

감기

미네랄과 단백질의 보고
굴두부찌개

특히 아연이 풍부한 굴로
굴두부찌개를 끓일 때는 굴과
두부를 오래 끓이지 말고 굴이 익으면
바로 불을 꺼야 맛이 부드러워요.
소화가 잘돼 어린아이에게 좋고
죽에 곁들이면 잘 어울리죠.

재 료 ● 굴 100g, 무 약간, 두부 1/4모(생략 가능), 애호박 1/4개(또는 무), 실파 2뿌리, 물 2컵, 다시마
(5×5cm 크기) 2조각, 소금 약간

만 들 어 보 세 요

1 굴에 무를 갈아 넣고 살살 버무려 더러움을 없앤 후 연한 소금물에 담가 씻어 건진다.

2 두부는 굴과 비슷한 크기로 자르고, 애호박은 반달썰기한다. 실파는 3~4cm 길이로 자른다.

3 냄비에 물을 붓고 다시마를 넣어 한소끔 끓어오르면 건져낸다.

4 ③의 국물에 애호박을 넣고 끓으면 두부와 굴을 넣은 다음 소금으로 간을 맞춘다.

5 마지막으로 실파를 넣고 불을 끈다.

감자

T I P
감자는 햇빛을 받으면 초록색으로 변하면서
솔라닌이라는 유독 성분이 생긴다. 조리할 때는
이 파란 부분과 싹을 깎아낸 후 사용해야 한다.

감자는 탄수화물 식품이지만 채소의 특징도 지니고 있으며 전분 식품으로 훌륭한 에너지원이 된다. 감자는 쌀이나 밀가루에 비해 감기에 좋은 비타민 C의 함량이 높으며 다른 채소류와는 달리 조리한 후에도 전분이 비타민 C를 보호해줘 열에 강하다. 비타민 C는 면역력을 높이고 감기의 예방이나 활성산소를 제거하는 데도 효과가 있다.

감자에는 칼륨의 함량이 높은데, 칼륨은 체내에서 나트륨을 배출하는 효과가 있어 짜게 먹는 습관이 있는 아이들에게 좋다. 또한 물에 녹는 특징이 있어 조리할 때 물에 삶기보다 쪄 먹는 것이 좋다. 감자는 필수아미노산이 풍부하며 소화율이 매우 높다. 또한 철분의 함량이 높아 위의 염증을 가라앉히고 위장을 튼튼하게 하며 비타민 B_1이 소화 흡수를 돕는다.

제철 여름부터 가을까지
같이 먹으면 좋아요 감자는 나트륨을 배출하는 칼륨의 함량이 매우 높아서 된장찌개같이 짠맛이 강한 음식에 곁들이면 좋다.
좋은 재료 선택하기 큰 것보다는 중간 크기의 것이 좋고, 수분이 적은 밭감자가 맛있다. 전체적으로 빛깔이 뽀얗고 얼룩이 없어야 한다.
조리 포인트 감자볶음을 할 때에는 채 썬 감자를 찬물에 담가 녹말을 씻어내야 볶을 때 들러붙지 않아 음식이 깔끔하다.
이렇게 보관하세요 다른 채소와 달리 감자는 수분을 잃지 않는 성질이 있으므로 바구니에 담아 바람이 잘 통하는 실온에 둔다. 하지만 여름에는 날이 더워 싹이 잘 나므로 냉장고 채소칸에 보관하는 것이 좋다. 사과와 같이 보관하면 싹이 덜 난다.

감기

비타민과 당질이 듬뿍
감자수제비

밀가루 대신
비타민C 함량이 높은 감자를 갈아서
수제비를 끓여보세요. 쫄깃한 맛이
일품이랍니다. 단, 감자를 갈아 만든
옹심이는 물기를 꼭 짜야만 끓일 때
풀어지지 않는답니다

재 료 ● 감자 4개, 호박 1/2개, 당근 1/4개, 다시마(10×10cm 크기) 1조각, 국물 멸치 10마리, 대파 1/3대, 마늘 2쪽, 물 6컵, 국간장(또는 소금)·소금 약간씩 ★ 재료중 호박과 당근은 생략 가능

만 들 어 보 세 요

1 감자는 껍질을 벗겨서 강판에 간다.

2 간 감자를 면포에 싸 꼭 짠다. 짜낸 물은 그릇에 담아 전분을 가라앉힌다.

3 ②의 감자즙 아래 가라앉은 감자 전분도 물기를 꼭 짜내 간 감자에 섞어 소금간을 한다.

4 냄비에 물을 붓고 내장을 뺀 국물 멸치와 다시마를 넣은 뒤 팔팔 끓여 육수를 만든다.

5 ④의 국물이 끓어오르면 ③의 감자 건지를 동글동글하게 넣고, 반달썰기 한 호박과 당근을 넣어 우르르 끓인다.

6 수제비가 끓어 떠오르면 어슷 썬 파와 다진 마늘을 넣고 국간장과 소금으로 간한다.

1

2

3

위장을 튼튼히 하고 소화를 돕는
감자수프

아이들은 수프를 참 좋아하죠.
특히 감자수프는 부드러우면서도
비타민 C가 풍부해 감기 때문에
입맛이 없을 때 먹기 좋답니다.

재 료 ● 감자 2개, 양파 1/2개, 베이컨 1줄(생략 가능), 올리브유 2(또는 식용유), 물 2컵, 우유 2컵, 파르
메산 치즈 가루 3(또는 슬라이스 치즈)

만 들 어 보 세 요
1 감자는 큼직하게 썰고, 양파는 채 썬다.
2 달군 냄비에 올리브유를 두르고 감자를 넣고 볶다가 양파를 넣어 10분 정도 약한 불에서 노릇하게
  볶은 다음 물을 붓고 삶는다.
3 기름을 두르지 않은 달군 팬에 베이컨을 올려 바삭하게 구운 후 잘게 다진다.
4 ②의 감자가 투명하게 익으면 핸드믹서에 넣고 곱게 간다.
5 감자 간 것을 불에 올려 끓어오르면 우유를 부어 약한 불에서 1~2분 정도 끓인 후 불을 끈다.
  수프 접시에 담고 치즈 가루와 구운 베이컨을 올린다.

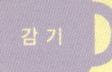

감기

스트레스에 강해지는
감자시금치전

재 료 ● 감자 3개, 시금치 2포기(부추로 응용), 소금 0.2, 식용유 약간

만 들 어 보 세 요

1 감자는 껍질을 벗겨서 고운 강판에 갈아 물기를 꼭 짠다(강판에 갈아야 맛이 좋다).
2 간 감자를 면포에 싸 물기를 짜고, 짜낸 물은 거친 그릇에 담아 전분을 가라앉힌다.
3 ②의 감자 윗물은 따라내고 가라앉은 전분만 모은다.
4 손질한 시금치는 끓는 소금물에 살짝 데쳐 물기를 꼭 짠 후 1cm 길이로 자른다.
5 볼에 간 감자와 전분, 데친 시금치를 넣고 소금간을 한 후 동그랗게 빚는다.
6 달군 팬에 식용유를 넉넉하게 둘러 노릇하게 굽는다.

감자의 판토텐산은 스트레스에
강하게 하며, 시금치의 엽산은 신경을
안정시켜주지요. 감자를 곱게 갈아
물기를 꼭 짠 다음 노릇하게 지지면
쫄깃한 식감이 좋아서 우리집 아이들은
직접 감자를 갈아 놓고
만들어 달라고 한답니다.

소화기관을 튼튼하게
감자브로콜리조림

감자조림을 할 때는 먼저
감자를 볶다가 간장과 조청을 넣고
뚜껑을 닫은 다음 약한 불로
5분가량 두면 속까지
아주 잘 익는답니다.

재 료 ● 감자 2개, 양파 1/2개, 브로콜리 1/4송이, 올리브유 1(또는 식용유) **조림장** 간장 4, 조청 3
★ 재료중 양파와 브로콜리는 생략 가능

만 들 어 보 세 요

1 손질한 감자와 양파는 큼직큼직하게 썬다.

2 브로콜리는 먹기 좋은 크기로 송이를 나눠 끓는 소금물에 넣고 살짝 데친다.

3 달군 팬에 기름을 두르고 감자와 양파를 볶다가 조림장을 넣고 약한 불에서 뚜껑을 덮어 익힌다.

4 ③의 감자가 익으면 데친 브로콜리를 넣고 다시 한번 어우러지게 볶는다.

콩나물

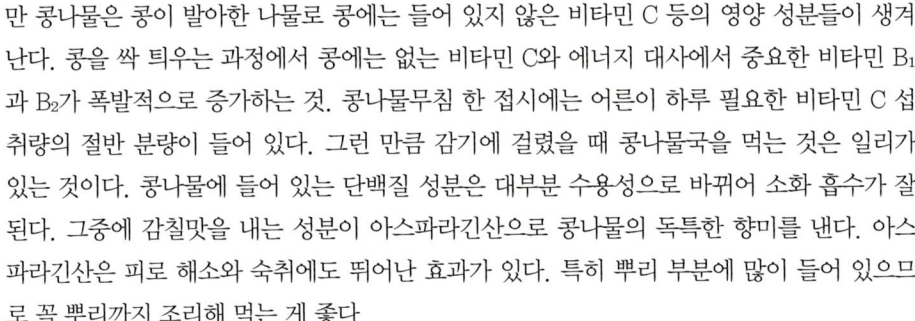

TIP
콩나물에 풍부한 비타민 C는 다른 채소와
달리 열에 강해 조리 후에도 많이 파괴
되지 않는다.

콩나물은 콩을 물에 불려 싹을 틔운 것으로 우리나라에서만 식용하는 독특한 식품이다. 콩나물은 아미노산의 일종인 아스파라긴산의 함량이 높은데, 아스파라긴산은 피로에 대한 저항력을 높여줘 기운을 차릴 수 있도록 돕는다. 콩은 '밭에서 나는 쇠고기'라는 말이 있듯이 단백질과 지방이 많은 영양 식품이지만 비타민 C는 들어 있지 않다. 하지만 콩나물은 콩이 발아한 나물로 콩에는 들어 있지 않은 비타민 C 등의 영양 성분들이 생겨난다. 콩을 싹 틔우는 과정에서 콩에는 없는 비타민 C와 에너지 대사에서 중요한 비타민 B$_1$과 B$_2$가 폭발적으로 증가하는 것. 콩나물무침 한 접시에는 어른이 하루 필요한 비타민 C 섭취량의 절반 분량이 들어 있다. 그런 만큼 감기에 걸렸을 때 콩나물국을 먹는 것은 일리가 있는 것이다. 콩나물에 들어 있는 단백질 성분은 대부분 수용성으로 바뀌어 소화 흡수가 잘된다. 그중에 감칠맛을 내는 성분이 아스파라긴산으로 콩나물의 독특한 향미를 낸다. 아스파라긴산은 피로 해소와 숙취에도 뛰어난 효과가 있다. 특히 뿌리 부분에 많이 들어 있으므로 꼭 뿌리까지 조리해 먹는 게 좋다.

제철 사철
같이 먹으면 좋아요 콩나물의 비타민 C와 아스파라긴산은 독성 물질을 해독하는 작용을 해 감기에 걸렸을 때 먹으면 효과적이다. 베타카로틴도 들어 있는데 참기름을 조금 넣어 나물로 무쳐 먹으면 흡수율이 높아진다.
좋은 재료 선택하기 대가리에 얼룩이 없고 노란색을 띠며 물컹거리지 않아야 한다. 또한 뿌리가 짧고 잔뿌리가 적은 것이 맛있다. 콩나물대가리의 콩 두 쪽이 어긋난 것은 농약으로 재배한 것일 확률이 높으므로 머리가 서로 붙어 있는 것이 좋다.
조리 포인트 콩나물의 아스파라긴산은 특히 콩나물 뿌리 부분에 90%가량 존재하므로 뿌리를 다듬지 않고 조리하는 것이 효과적이다.
이렇게 보관하세요 콩나물은 빛을 쬐면 대가리가 파랗게 변하면서 억세지므로 빛이 투과하지 않은 검은 비닐봉투에 넣어 냉장고에 보관하고 빠른 시간 안에 먹도록 한다.

감기

피로를 풀어주는
콩나물잡채

콩나물국을 끓인 뒤
콩나물만 건져 당면과 여러 채소를
합해 잡채를 만들어보세요.
간단한 재료지만 아주
풍성한 음식이 된답니다.

재 료 ● 콩나물 100g, 당면 100g, 각색 파프리카 1/4개씩, 양파 1/4개, 부추 반 줌, 깨소금 0.3, 간장 0.5,
식용유 약간 **당면 양념** 간장 2, 설탕 1, 참기름 0.5 ★ 재료중 채소류는 애호박, 시금치 등으로 변경 가능

만 들 어 보 세 요

1 콩나물은 7분가량 데친 후 체에 밭쳐 물기를 빼둔다.

2 각색 파프리카와 양파는 채 썰고, 부추는 5cm 길이로 자른다.

3 당면은 끓는 물에 삶아 체에 밭쳐 물기를 뺀 후 당면 양념한다.

4 달군 팬에 식용유를 두르고 양파, 파프리카에 소금간을 하여 볶다가 당면과 콩나물을 넣고 볶는다.
　재료가 어우러지게 볶아지면 부추를 섞고 좀 더 볶는다.

5 간장으로 간을 하고 깨소금을 넣어 버무린다.

비타민 C를 듬뿍 먹는
콩나물국

감기

콩나물국은 끓이기 쉬운 듯하지만
제대로 맛을 내기는 참 어렵습니다.
그래서 조미료를 넣어 볼까 싶은 생각도 많이 들죠.
조미료 대신 다시마, 멸치, 새우 등을 같이 넣고
끓이면 맛이 한결 좋아진답니다.

재 료 ● 콩나물 300g, 물 5컵, 국물 멸치 10마리, 다시마(10×10cm 크기) 1조각, 마른 새우 10마리(생략 가능), 다진 마늘 1, 송송 썬 실파 1, 소금 약간

만 들 어 보 세 요

1 콩나물은 흐르는 물에 씻어 건진다.

2 냄비에 물을 붓고 다시마, 멸치, 새우를 넣어 끓이다가 모두 건져낸다.

3 콩나물을 넣고 뚜껑을 덮어 좀 더 끓이다가 끓어오르면 불을 줄여 10분가량 더 끓인다.

4 콩나물국에 다진 마늘과 송송 썬 파를 넣고 소금으로 간한 다음 한소끔 끓인 후 불을 끈다.

T I P 콩나물은 저혈압인 사람에게 좋은 것으로 알려져 있다. 전라북도에서는 콩나물을 이용한 다양한 음식이 있는데 특히 익산 지방에서 담가 먹는 콩나물김치가 유명하다. 민간요법 가운데 콩나물과 엿을 사기 그릇에 담아 아랫목에 묻어두었다가 삭으면 그 액을 감기 몸살에 걸렸을 때 먹는 방법도 있다.

+ C O O K 콩나물무침

콩나물국을 끓인 뒤 콩나물은 건져서 나물로 무쳐도 좋아요. 아삭한 콩나물무침을 만들려면 콩나물을 넣고 끓어오르면 7분 정도 후 건져 차게 식혀야 아삭하게 씹히는 맛이 좋답니다.

재 료 ● 콩나물 300g, 물 1/2컵, 소금 0.3 **양념** 소금 0.2, 다진 파 1, 다진 마늘 0.5, 참기름 1, 깨소금 0.5

만 드 는 법 ● ❶ 콩나물은 깨끗이 씻는다. 냄비에 담고 물과 소금(0.3)을 넣은 뒤 뚜껑을 꼭 덮어 끓기 시작하면 7분 정도 더 끓인다. ❷ 콩나물이 삶아지면 건져내 체에 받쳐 물기를 뺀다.

❸ ②의 삶은 콩나물에 소금(0.2), 다진 파, 마늘과 참기름, 깨소금을 한데 넣고 조물조물 무친다.

한그릇에 영양이 골고루
콩나물밥

콩나물의 비타민 C와 돼지고기의
단백질이 쌀에 부족한 단백질과 비타민,
섬유소를 보충해주므로 콩나물밥
한 그릇이면 모든 영양소를 고루
섭취할 수 있어요.

재 료 ● 불린 쌀 2컵, 콩나물 200g, 돼지고기 200g, 들기름 1, 물 2컵
고기 양념 간장 1, 다진 파 1, 다진 마늘 · 참기름 · 깨소금 · 설탕 각0.5씩, 후춧가루 약간, 생강즙 0.3
양념장 간장 3, 설탕 1, 참기름 1, 깨소금 0.5, 다진 실파 1, 다진 마늘 0.5

만 들 어 보 세 요
1 돼지고기는 곱게 다져 분량의 고기 양념을 넣어 밑간하고, 콩나물은 씻어 물기를 뺀다.
2 냄비에 들기름을 두른 후 ①의 돼지고기를 넣어 볶다가 불린 쌀을 넣고 쌀알이 투명해질 때까지 볶는다.
3 ②에 물을 붓고 뚜껑을 덮어 센 불에서 10분 정도 끓인다.
4 ③의 뚜껑을 열고 밥을 고르게 뒤섞은 후 콩나물을 얹어 약한 불에서 10여 분간 뜸을 들인다.
5 볼에 분량의 재료로 양념장을 만들어 콩나물밥과 곁들여 낸다.

T I P 실파가 대파 보다 향이나 매운 맛이 낮아서 아이들 음식에 잘 어울려요.

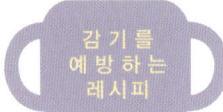

전복

전복은 중국의 진시황제가 찾아 헤맨 불로장생 식품 중 하나로, 매우 귀한 해산물이다. 전복은 다른 패류에 비하여 꼬들꼬들하게 씹는 맛이 좋은데 이는 단백질의 일종인 콜라겐의 함량이 높기 때문이다.

전복 특유의 감칠맛을 내는 글루탐산은 조미료의 주성분과 같다. 또한 전복에는 타우린의 함량이 월등히 높기 때문에 기력을 보호하며 함황아미노산의 함량도 높아 간세포를 재생하고 해독하는 역할을 하기 때문에 병후 보양식으로 매우 좋은 식품이다.

전복은 바다 속 바위에 붙어 미역이나 다시마 같은 해조류를 먹고 살기 때문에 내장에도 영향이 풍부하고 맛도 특별한데 싱싱한 것을 먹어야 맛도 영양도 제대로 음미할 수 있다.

제철 전복의 산란기는 11월경으로 산란을 앞두고 살이 최고로 오르는 8~10월경이 가장 맛이 좋다.

같이 먹으면 좋아요 밥 같은 식품의 전분 소화를 돕는 비타민 B군의 함량이 높아 쌀과 같이 조리하면 좋다. 전복은 콜라겐의 함량이 높아 끓여 먹으면 육질이 부드러워지고 감칠맛이 증가한다.

좋은 재료 선택하기 전복은 양식과 자연산의 가격 차이가 많이 나는 데, 양식은 껍데기 부분이 깨끗한 녹색을 띠지만 자연산은 껍데기가 진한 밤색을 띤다. 껍데기의 무늬가 깊고 발의 색이 검은 것이 좋다.

조리 포인트 보관법이 발달하지 않던 시절에는 전복을 말린 상태로 유통시켰는데, 말리면 표면에 흰 가루가 생긴다. 이 가루는 타우린 성분이므로 그대로 먹는 것이 좋다.

이렇게 보관하세요 살아 있는 전복은 다시마나 미역을 깔고 냉장고에 두면 이틀 정도는 선도를 유지할 수 있다.

궁중의 대표 보양식
전복초

전복을 얇게 저민 다음 간장에
달게 졸인 맛있는 반찬이에요.
예전에는 말린 전복을 불려서 만들었는데,
요즘은 오히려 말린 전복이
매우 귀해졌지요.

재 료 ● 전복 3마리, 참기름 약간

조림장 간장 2, 설탕 1, 조청 1, 전복 데친 물 2, 대파 1/2대, 마늘 2쪽, 생강 1톨 **고명** 잣가루 1(생략 가능)

만 들 어 보 세 요

1 전복은 껍데기와 살을 솔로 박박 문질러 씻어 이물질을 없앤 다음 전복살 아래쪽으로 수저를 넣어 살만 떼어낸다.

2 전복 떼어낸 쪽을 위로 하여 사선으로 칼집을 낸 후 1cm 정도로 어슷하게 저민다.

3 저민 전복을 끓는 물에 넣어 살짝 데쳐내고 데친 국물은 면포에 밭쳐 걸러둔다.

4 파는 흰 줄기 부분만 3cm로 토막 내고, 마늘과 생강은 납작하게 저민다.

5 냄비에 ④와 나머지 조림장 재료를 모두 넣고 끓인다.

6 ⑤의 끓는 조림장에 전복을 넣고 약한 불에서 서서히 조리다가 조림장이 바특하게 졸아들어 1수저쯤 남으면 불을
끈다. 참기름을 넣고 버무려 윤기를 낸다.

7 ⑥의 전복초를 그릇에 담고 고명으로 잣가루를 뿌린다.

풍부한 타우린이 기력을 나게 하는
전복죽

감기

우리 아이들이 감기 기운이 있을 때
가장 먼저 해주는 음식이랍니다.
한 그릇 든든하게 먹고 나면
감기가 뚝 떨어지거든요.
전복은 타우린과 비타민 B군이 풍부하며
쌀의 소화를 도와줘 기운을 차리게
해주지요.

재 료 ● 전복 2개, 쌀 1컵, 참기름 2, 물 10컵, 소금 약간
★ 전복 대신 패주, 조갯살 등 각종 해산물 응용 가능

만 들 어 보 세 요

1 전복은 솔로 껍데기와 살을 깨끗이 씻은 후 숟가락으로 살과 내장이 터지지 않게 떼어낸 후 살은
  얇게 저미고, 내장은 터뜨리지 말고 따로 둔다.

2 멥쌀을 깨끗이 씻어 2시간 정도 불린 다음 체에 밭쳐 물기를 뺀다.

3 냄비에 참기름을 두르고 전복을 넣어 볶다가 쌀을 넣어 약한 불에서 쌀이 투명해지도록 볶는다. 볶는
  중에 바닥이 타면 물을 약간 붓고 볶는다. 쌀이 투명하게 볶아져야 죽을 끓였을 때 잘 붙지 않는다.

4 ③의 냄비에 물을 붓고 30분 정도 은근한 불에서 주걱으로 저어가며 푹 끓인다. 죽이 다 퍼지면 소금
  으로 간한다.

양파

TIP 양파의 자극적인 성분은 온도가 따뜻할수록 활성화돼 공기와 닿았을 때 눈을 맵게 한다. 양파를 냉장고에 보관해 차갑게 하면 자극 성분이 억제돼 눈물을 흘리지 않고도 잘 조리할 수 있다.

중국인과 미국인은 모두 기름진 식생활을 하지만 미국인이 혈관 질환에 훨씬 잘 걸린다. 이는 식습관의 차이 때문인데 중국 음식에 풍부한 양파는 콜레스테롤이 활성산소에 의해 산화되는 것을 막아 혈관을 맑게 하고 혈관 질환을 예방한다. 양파는 혈관 벽에 혈전, 즉 피딱지가 생기지 않도록 하며 심장을 튼튼하게 한다.

양파 특유의 매운맛을 내는 성분은 유기유황 성분인 알린으로 이 성분은 뇌의 연수를 자극해서 혈액순환을 돕고 발한, 해열 작용을 해 초기 감기에도 좋다. 또한 알린은 공기와 닿으면 알리신이란 물질로 변해 알리티아민이 되는데, 이것은 장내 세균에도 파괴되지 않고 잘 흡수되므로 비타민 B_2의 체내 흡수를 촉진해 신진대사를 원활하게 하므로 감기에 도움이 된다.

제철 5~6월

같이 먹으면 좋아요 양파는 비타민 B_2의 흡수를 촉진시켜주므로, 비타민 B군이 풍부한 현미, 돼지고기, 고등어, 콩류, 우유와 같이 먹는 것이 좋다.

좋은 재료 선택하기 양파는 손으로 만져보아 단단하고 둥근 것, 껍질이 얇고 여러 겹으로 싸여 있으며, 껍질이 잘 벗겨지지 않는 것을 고른다.

조리 포인트 양파는 열을 가하면 단맛이 증가하지만 영양 성분의 손실은 적어 위가 약한 사람은 익혀 먹으면 좋다.

이렇게 보관하세요 보관할 때는 그물망에 넣어 공기가 잘 통하는 장소에 두는데, 이때는 직사광선을 피하는 것이 좋다.

신진대사를 원활하게 하는
양파링튀김

양파를 좋아하는 아이들은 별로 없죠.
하지만 양파튀김만은 예외랍니다.
바삭하면서도 부드러운 맛에 아이들이
한 접시를 뚝딱 먹어치운답니다.

재 료 ● 양파 1개, 우리 밀가루 1/2컵, 달걀 1개, 빵가루 1컵, 소금 0.2

만 들 어 보 세 요

1 양파는 둥근 모양을 살려 1cm 두께로 썬 다음 하나씩 링을 뺀다.

2 볼에 달걀을 풀어 소금간을 한 다음 밀가루 2큰술을 넣어 멍울 지지 않게 잘 갠다.

3 ①의 양파링에 밀가루를 묻힌 다음 탈탈 털어 ②의 달걀물에 넣고 고루 적신다.

4 ③의 양파링에 빵가루를 입힌다.

5 160℃로 달군 기름에 ④의 양파링을 넣어 노릇하게 튀긴 다음 키친타월에 올려 기름을 뺀다.

T I P 빵가루를 입혀 튀기는 튀김요리를 할 때는 빵가루를 묻힌 상태에서 10~20분가량 두어 빵가루까지 수분이 촉촉해진 다음 튀김을 해야 빵가루가 쉽게 타지 않으면서도 잘 떨어지지 않아 깨끗하게 튀겨진다.

1   2   3-1   3-2   5

콜레스테롤을 낮추며 신진대사를 촉진하는
양파햄버그스테이크

햄버그스테이크는 소고기와 돼지고기를 반쯤 섞어 만들면 더욱 부드럽답니다. 햄버그스테이크 패티를 만들 때 양파를 연한 갈색이 날 정도로 볶아 넣으면 고기와 잘 어울리고 맛도 더욱 좋아지지요.

재 료 ● 양파 1/2개, 당근 1/4개, 쇠고기 200g, 돼지고기 100g, 소금 0.3, 다진 마늘 1, 후춧가루 · 토마토 케첩 약간씩, 식용유 적당량 **가니쉬** 방울토마토 4개, 브로콜리 4송이, 노란 파프리카 1/4개

★ 재료중 쇠고기와 돼지고기 중 선택 가능. 가니쉬 재료는 감자 등 아이들이 좋아하는 채소나 과일로 변경 가능

만 들 어 보 세 요

1 양파와 당근은 잘게 다지고, 쇠고기와 돼지고기는 곱게 다지거나 미리 간 것으로 구입한다.

2 달군 팬에 기름을 두르고 다진 양파를 넣어 투명해지면서 연한 갈색이 날 정도로 볶다가 다진 당근을 넣어 볶은 뒤 식힌다.

3 볼에 간 쇠고기와 돼지고기를 합해 소금과 다진 마늘, 후춧가루로 양념한 후 양파와 당근 볶은 것을 넣고 잘 섞어 치댄다. 반죽을 오래 치댈수록 고기에 탄력이 생기고 식감도 부드러워진다.

4 ③의 반죽을 한 줌 쥐어 둥글납작하게 빚은 다음 가운데를 살짝 누른다.

5 달군 팬에 식용유를 약간 두르고 ④의 햄버그스테이크 패티를 올린 다음 중간 불에서 5분 정도 굽는다. 고기가 두꺼워 잘 익지 않을 경우 불을 약하게 한 후 뚜껑을 덮어 익히면 겉은 타지 않고 속까지 잘 익는다.

6 방울토마토는 4등분하고 브로콜리는 살짝 데친다. 노란 파프리카는 먹기 좋게 잘라 아삭하게 볶는다.

7 접시를 따뜻하게 한 후 햄버그스테이크와 방울토마토, 브로콜리, 파프리카를 어울려 담고 케첩을 곁들인다.

✚COOK 미니햄버거

햄버거 패티를 모닝빵 사이에 각종 채소와 함께 끼워 엄마표 햄버거를 만들어 주세요. 든든한 간식이 되고 아이들 친구가 왔을 때도 아주 좋지요. 햄버거 패티를 넉넉히 해서 하나씩 따로 포장해 냉동실에 두었다 구우면 쉽지요.

재 료 ● 햄버거 패티 4개, 모닝빵 4장, 토마토 1개, 양상추 1장, 슬라이스 치즈 1장, 마요네즈 2
만 드 는 법 ● ❶ 햄버그스테이크 만들기의 방법으로 고기 패티를 만든다. ❷ 토마토는 0.5cm 정도 두께로 슬라이스하고, 치즈는 1/4 크기로 자른다. 양상추는 흐르는 물에 씻은 다음 물기를 털고 먹기 좋은 크기로 뜯어놓는다. ❸ 모닝빵의 옆쪽으로 칼집을 넣어 가른 다음 안쪽 면에 마요네즈를 바른다. ❹ ③의 빵 안쪽 면에 햄버거 패티, 토마토, 치즈, 양상추를 순서대로 얹은 다음 남은 한쪽 면의 빵을 덮어 지그시 눌러 완성한다.

혈액순환을 돕는
양파잼

양파로 잼을 만들어보세요.
양파잼은 햄을 넣고 샌드위치를 하면
잘 어울리고요, 초고추장이나 고기 양념할 때
설탕 대신 써도 아주 좋아요.

재 료 ● 양파 2개(200g), 설탕 100g(2/3컵), 소금 약간

만 들 어 보 세 요

1 양파는 껍질을 벗기고 강판이나 블렌더에 간다.

2 바닥이 두꺼운 냄비에 간 양파와 설탕, 소금을 넣고 은근한 불에서 끓인다.

3 양파가 투명해지면 불을 약하게 하여 저으면서 20분 정도 조린다.

T I P 양파 잼은 돼지고기와 잘 어울려요. 돼지갈비찜이나 조림 등에 설탕 대신 넣으면 고기 특유의 누린 냄새 제거는 물론
양파 특유의 단맛이 나면서 모양이 안보이니 아이들이 잘 먹는답니다.

+COOK 양파잼 샌드위치
간단하게 양파의 효능을 즐길 수 있는 샌드위치죠.

재 료 ● 식빵 4장, 양파잼 4, 햄 2장, 비타민 약간(집에 있는 채소나 과일로 대체 가능)
만 드 는 법 ● ❶ 식빵을 노릇하게 굽는다. ❷ 햄은 끓는 물을 부은 후 물기를 뺀다. ❸ 비타민은 먹
기 좋게 자른다. ❹ 식빵 한 면에 양파잼을 바르고 햄과 비타민을 올린 뒤 식빵의 다른 한 면을 덮는다.

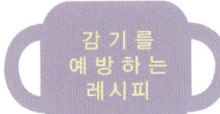
호박

T I P

호박씨에는 회춘 비타민이라고도 부르는 비타민 E와 정자의 생성을 돕는 아연이 다량으로 들어 있다. 호박과육을 먹은 뒤 씨를 긁어내서 1~2일간 말린 후 마른 팬에 노릇하게 볶아 껍질을 까서 먹으면 좋다.

늙은 호박이나 단호박의 진한 노란빛은 카로티노이드 색소 때문인데 체내에 흡수되면 베타카로틴이 된다. 베타카로틴은 정상 세포가 암세포로 변화하는 것을 막아주며 암세포의 증식을 늦추는 등의 항암 효과가 있다. 또한 베타카로틴은 체내에서 비타민 A로 전환돼 피부의 저항력을 높이고 점막을 촉촉하게 해 피부 미인을 만든다. 점막을 튼튼하게 만들어 감기에도 강하게 만들어준다. 또한 호박에는 비타민 B_1 · B_2 · C · E 등 식물성 성분이 풍부해 자주 먹으면 따로 비타민제를 복용하지 않아도 될 정도다. 호박의 비타민 C는 가열을 해도 잘 파괴되지 않으며 역시 감기 예방에 도움이 되는데, 특히 겨울 감기에 특효다.

제철 겨울
같이 먹으면 좋아요 올리브유가 호박의 베타카로틴과 리코펜의 흡수를 돕는다.
좋은 재료 선택하기 진한 누런색으로 껍질에 윤기가 흐르면서 묵직하고 속이 꽉 찬 것이 좋으며, 표면에 골이 깊게 파인 것을 고른다.
조리 포인트 호박의 베타카로틴은 씨와 붙어 있는 부분이 가장 함량이 높으므로 씨만 빼고 실처럼 붙어 있는 것까지 다 먹는 게 좋다.
이렇게 보관하세요 표면에 상처가 나지 않도록 신문지나 키친타월에 싸서 습기 없는 곳에 차게 둬야 싱싱하다. 단호박은 숟가락으로 씨와 속을 파내고 잘린 면에 공기가 닿지 않도록 비닐랩으로 싸 습기 없는 찬 곳에 두도록 한다. 냉장고에서는 일주일 정도 보관할 수 있다.

기관지를 튼튼하게 만드는
단호박죽

재 료 ● 단호박 1/2개, 물 3컵, 소금 0.5
옹심이 찹쌀가루 1(또는 멥쌀), 잣 1(생략 가능)

만들어보세요

1 단호박은 반으로 갈라 씨를 긁어낸 후 필러를 이용해 단단한 껍질을 벗긴 다음 얄팍하게 썬다.

2 냄비에 손질한 단호박을 넣고 재료가 잠길 만큼 물을 부은 뒤 처음에는 센 불에 서 끓이다가 끓어오르면 약한 불로 줄여 뚜껑을 덮고 무르도록 푹 삶는다.

3 ②의 호박이 푹 삶아졌으면 호박을 굵은 체에 내리거나 믹서에 곱게 간다(이때 믹서에 간 호박의 양은 6컵 정도가 된다).

4 볼에 찹쌀가루를 담고 끓는 물 2를 넣어 익반죽한 후 경단 모양으로 빚으면서 속에 잣을 넣어 옹심이를 만든다.

5 냄비에 ③의 곱게 간 호박을 담고 끓인다.

6 ⑤의 호박이 끓으면 ④의 찹쌀옹심이를 넣고 끓이다가 옹심이가 떠오르면 소금 으로 간을 맞춘다.

T I P 옹심이 빚기가 번거롭다면 끓는 물 1/2컵에 찹쌀가루를 잘 갠 다음 간 호박을 끓일 때 조금 씩 넣어가며 멍울이 지지 않도록 나무 주걱으로 풀어주어도 된다. 찹쌀가루 대신 쌀1/2컵 정도를 물에 불린 후 믹서에 간 다음 단호박 간 것과 함께 넣고 끓여도 좋아요.

단맛이 강한 단호박을 갈아
부드럽게 끓인 다음 찹쌀옹심이를
넣으면 아이를 위한 영양 만점 간식이
된답니다. 잣을 넣으면 잣의
불포화지방산이 카로틴의 흡수를
도와줘 더욱 좋아요.

비타민 C가 감기를 예방하는
호박나물

감기

호박은 병충해에 강해 농약을 거의
쓰지 않고 기른다고 합니다. 또한 애호박은
우리나라에만 있는 식재료이기도 해요.
보통 애호박은 볶아 먹지만 찜통에 찐 후
양념장에 무치면 칼로리가 낮으면서
맛이 담백하답니다.

재 료 ● 애호박 1개, 실파 1뿌리, 소금 0.5, 다진 마늘 0.2, 깨소금 0.5, 참기름 0.5

만 들 어 보 세 요

1 호박은 깨끗이 씻은 후 반으로 갈라 수저로 속을 파낸다. 씨가 없는 경우에는 그대로 사용해도 된다.

2 한 김 오른 찜통에 씨를 파낸 부분을 위로 오게 얹고 10분가량 찐다.

3 ②의 찐 애호박을 먹기 좋게 깍둑썰기를 한 후 접시에 펴서 식힌다.

4 볼에 송송 썬 실파, 소금, 다진 마늘, 깨소금, 참기름을 고루 섞은 다음 ③의 호박을 버무린다.

T I P 애호박이나 시금치, 오이 등의 푸른색 나물은 볶거나 양념한 후 빨리 식혀야 푸른색을 잘 살릴 수 있고 씹는 맛도 좋아진다.

무

TIP
무의 잎인 무청은 무만큼 영양이 뛰어나다.
섬유소가 풍부하며 무에는 없는 베타카로틴의
함량이 높고 비타민 C도 많으니 버리지 말고
다 먹는 것이 좋다.

감기는 고열을 동반하는 경우가 많은데 열이 나면 체내에서 영양 물질의 소모량이 많아지기 때문에 열량이 높으며 단백질과 비타민이 풍부한 음식을 먹는 것이 좋다. 그러나 감기가 걸리면 입맛이 없고 장염도 동반되는 경우가 많아지면서 소화력이 떨어진다.

감기에 무가 좋은 이유는 무에 풍부한 아밀라아제가 전분을 분해하는 효소로서 밥과 같은 음식의 소화력을 좋게 하기 때문이다. 이뿐만 아니라 지방을 분해하는 효소인 리파아제, 단백질을 분해하는 프로테아제까지 있다. 감기에 적합한 고열량, 고단백 음식은 기름의 함량이 높아 소화가 잘 안 되지만 무와 곁들인다면 무의 다양한 소화 효소가 소화가 잘될 수 있도록 만들어준다. 감기 외에 스트레스를 받아 소화력이 떨어질 때도 좋다. 또한 무에는 비타민 C도 풍부해 기침에도 효과가 있다.

제철 가을, 겨울

같이 먹으면 좋아요 '떡 줄 사람은 생각하지도 않는데 동치미부터 마신다.' 이는 동치미와 떡이 아주 잘 어울린다는 뜻으로도 해석되는데 동치미의 무가 떡의 소화를 돕기 때문이다. 소화가 안 되는 고기나 생선회와 먹어도 지방과 단백질을 분해하는 효소가 있어 좋다.

좋은 재료 선택하기 무는 단단하고 묵직한 것이 좋다.

조리 포인트 무는 부위에 따라 맛이 조금씩 다르다. 잎이 붙어 있는 푸른 부분은 단맛이 강하고 아래로 갈수록 매운맛이 강해진다. 푸른 부분은 생채로 먹고 뿌리 부분은 조림이나 국 등을 만든다.

이렇게 보관하세요 신문지에 싸서 냉장고에서 보관한다.

감기 기운이 나고, 소화가 잘되는
무쇠고깃국

소고기 중 살코기 부분을 곱게
다져서 양념한 후 쇠고깃국을 끓여보세요.
다진 고기라 부드럽고 맛도 잘 우러나
오래 끓이지 않아도 된답니다.

재 료 ● 무 200g, 쇠고기 200g, 물 6컵, 다진 마늘 1, 실파 1대, 소금 약간
고기 양념 간장 2, 깨소금 0.5, 다진 마늘 0.5, 다진 파 0.5, 후춧가루 약간

만 들 어 보 세 요

1 무는 껍질을 벗긴 다음 나박나박 썬다.
2 쇠고기는 곱게 다진 다음 고기 양념을 넣어 조물조물 버무린 후 동그랗게 빚는다.
3 냄비에 물을 붓고 끓으면 ②의 고기 완자를 넣어 끓인다.
4 고기가 떠올라 익으면 무를 넣고 투명해질 때까지 중간 불에서 끓이다가 다진 마늘과 송송
   썬 파를 넣고 소금으로 간을 맞춘다.

T I P 쇠고기의 기름기 없는 부분을 다져 양념한 후 국을 끓이면 부드러운 맛이 일품이며 아이들이 먹기도 좋다.
국에 쓰는 고기 양념에는 설탕을 넣지 말아야 한다.

감기

무보다 비타민 C의 함량이 높은
즉석 동치미

즉석 동치미는 오늘 담그면
내일 먹을 수 있는 김치예요.
한번에 많이 하지 말고요, 무 반 개나
한 개 정도를 담아 2주 안에 먹는 것이 좋아요.
빨리 익히기 위해 물을 끓여 따끈할 때
붓고 소금간을 심심한 정도로 하는 것이
좋답니다.

재 료 ● 무 1/2개, 배 1/4개, 쪽파 4뿌리, 대파 1대, 마늘 5쪽, 생강 1톨, 소금 1, 설탕 1
소금물 물 10컵, 소금 2 ★ 재료중 배와 쪽파는 생략 가능

만 들 어 보 세 요

1 무는 깨끗이 씻어 사방 1×1×5cm 크기로 길쭉하게 썬다.

2 무에 설탕과 소금을 넣고 버무린 다음 항아리나 밀폐 용기에 담아 1시간쯤 절인다.

3 쪽파는 두 줄기씩 감아 묶고, 대파는 흰 부분만 3cm 길이로 자른다. 마늘과 생강은 저민다. 배는 씻어 껍질째 크게 자른다.

4 분량의 물을 끓여 40℃ 정도로 따끈할 만큼 식힌 후 소금을 녹여 소금물을 만든다. 무와 파, 마늘, 생강을 담은 통에 소금물을 붓고 뚜껑을 덮은 뒤 1~2일쯤 두었다가 맛이 들면 냉장고에 두고 먹는다.

 우리집에서는

큰아이 세 살 무렵에 이 즉석 동치미를 만들어 밥과 주었어요. 이 동치미 국물에 밥을 말아줬더니 아이가 하루에 밥을 다섯 번이나 먹는 거예요. 그때는 제가 동치미를 워낙 맛있게 담가서 그런가 보다 했죠. 그런데 지금 생각해 보니 동치미가 소화를 너무 잘되게 해서 밥을 먹으면 금방 쑥 내려간 모양이에요. 하여튼 이 즉석 동치미는 밥반찬으로도 좋고 소화가 잘 안 될 때 먹으면 아주 좋답니다.

천연 소화제인
무나물

무나물은 참 단순한 조리법이지만
부드러운 맛이 일품이죠.
식욕이 없을 때 밥과 비벼 먹으면
소화를 도와 좋답니다.
특히, 겨울철 무는 단맛이 돌아
맛이 좋습니다. 감기가 들었을 때
해 먹으면 효과가 좋아요.

재 료 ● 무 400g, 소금 0.5, 다진 파 2, 다진 마늘 1, 참기름 1, 깨소금 약간

만 들 어 보 세 요

1 무는 5cm 길이로 토막 낸 다음 도톰하게 채 썰어 소금을 뿌려 30분 정도 절인다(너무 가늘게 채 썰면
  조리한 후 뭉그러져 보기에 좋지 않다).

2 달군 냄비에 참기름을 두른 후 채 썰어 절인 무를 넣고 볶는다.

3 무가 투명해지면 다진 파, 마늘을 넣고 섞은 후 뚜껑을 덮어 5분가량 익힌다.

4 ③의 무나물에 깨소금과 참기름을 넣고 고루 섞는다.

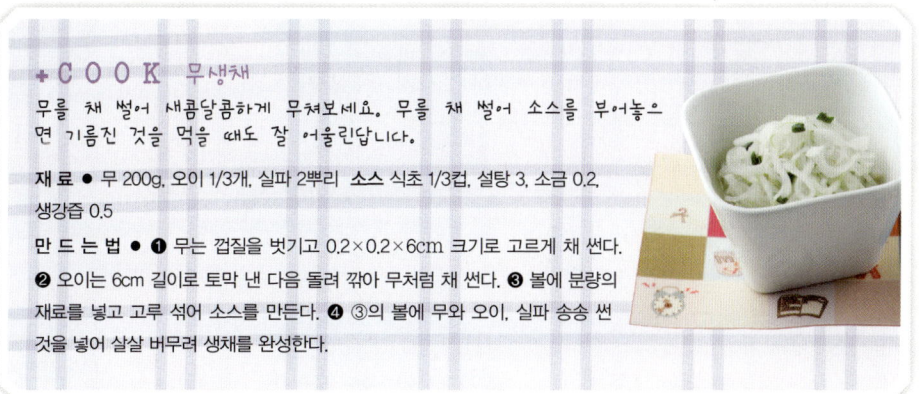

+COOK 무생채

무를 채 썰어 새콤달콤하게 무쳐보세요. 무를 채 썰어 소스를 부어놓으
면 기름진 것을 먹을 때도 잘 어울린답니다.

재 료 ● 무 200g, 오이 1/3개, 실파 2뿌리 소스 식초 1/3컵, 설탕 3, 소금 0.2,
생강즙 0.5

만 드 는 법 ● ❶ 무는 껍질을 벗기고 0.2×0.2×6cm 크기로 고르게 채 썬다.
❷ 오이는 6cm 길이로 토막 낸 다음 돌려 깎아 무처럼 채 썬다. ❸ 볼에 분량의
재료를 넣고 고루 섞어 소스를 만든다. ❹ ③의 볼에 무와 오이, 실파 송송 썬
것을 넣어 살살 버무려 생채를 완성한다.

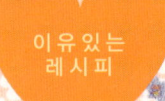

PART 5
정서안정과 기억력을 높이는 레시피

음식은 아이들의 행동에 많은 영향을 미친다. 아이의 두뇌 크기는 어른과 거의 비슷하지만 뇌의 기능에 결정적인 역할을 하는 포도당을 저장하는 시간은 짧아 어린이가 적절한 혈당을 유지하기 위해서는 4시간마다 음식을 섭취하는 것이 필요하다. 그러나 영양이 고른 식사 대신 케이크나 쿠키 같은 다량의 당분을 섭취한 어린이는 집중력이 줄어들고 충동적인 행동을 하며 주위가 산만한 과행동증이 나타날 수 있는 연구 결과가 있다.

미네랄이 부족하면 학습 능력이 떨어지면서 행동적 문제를 일으키게 쉽다. 특히 유해 중금속은 단백질에 잘 달라붙는데 단백질에 붙은 중금속은 신체의 주된 구성 성분인 단백질의 기능을 마비시킬 뿐만 아니라 정서에도 좋지 않은 영향을 미친다.

정서안정에 필요한 영양소와 식품

이런 영양소가 필요해요

단 백 질

단백질은 우리 몸을 구성하고 여러 필수적인 대사에 빠질 수 없는 중요한 영양소다. 단백질은 외부에서 침입한 병원균에 대항하는 항체 등을 구성하기 때문에 해독 기능에 매우 중요한 역할을 한다. **대표 식품 : 쇠고기, 돼지고기, 닭고기, 콩, 두부, 생선, 달걀, 새우, 조개류 등**

당 분

하루 에너지 필요량 중 65% 정도를 탄수화물에서 얻지만 칼로리만 높은 설탕은 다량 섭취할 경우 집중력이 줄어들고 충동적인 행동을 유발해 주위가 산만한 과행동증을 나타낼 수 있다. **대표 식품 : 현미, 보리, 고구마, 감자, 바나나, 옥수수, 밤, 국수, 각종 과일 등**

칼 슘

칼슘은 신경 기능을 조절한다. 칼슘이 부족해지면 자주 초조해지고 불안함을 느끼게 된다. **대표 식품 : 치즈, 요구르트, 해초, 깨, 건새우, 뱅어포, 멸치, 무청, 다시마, 두부 등**

마 그 네 슘

마그네슘은 체내에서 약 300종류의 효소 작용을 돕는 중요한 성분으로 칼슘과 기능을 함께한다. **대표 식품 : 아몬드, 오징어, 콩, 현미, 건미역, 굴, 참깨, 파래 등**

철 분

철분 부족은 뇌에 산소가 부족하여 학습 능력을 손상시키며 행동적인 문제를 일으킬 수 있다. **대표 식품 : 간, 바지락, 게, 멸치, 콩, 유부, 시금치, 파래, 건새우 등**

아 연

아연이 부족하면 세포분열이 이루어지지 않아 발육이 늦어질뿐더러 뇌의 지적 기능이 떨어지고 정서적 안정도 저하된다. **대표 식품 : 굴, 쇠고기, 오징어, 돼지고기, 명란, 간 등**

비 타 민 B 균

체내에서 단백질과 탄수화물 등의 영양소를 소화 흡수하기 위해서는 꼭 필요한 영양소나. **대표 식품 : 현미, 통밀빵, 간, 우유, 달걀, 돼지고기, 닭고기, 콩**

섬 유 소

식이섬유는 발암 물질이나 중금속, 농약 성분을 희석하거나 흡착하여 배출한다. **대표 식품 : 발아 현미, 다시마, 미역, 톳, 우엉, 곶감, 각종 콩, 버섯, 마른 나물류 등**

현미

TIP
현미의 씨눈을 싹 틔워 만든 발아 현미는, 일반 현미의 소화 흡수율 90%를 98%로 상승시킨다. 현미에 풍부한 피트산은 중금속과 결합해 해독 효과나 콜레스테롤을 낮추는 효과는 있지만 소화율이 낮고 효소의 활성이 떨어진다. 그러나 발아 현미는 발아에 의해 단백질과 비타민 B₂, 니아신, 칼슘이 증가하며 소화 흡수율이 상승하여 소화력이 떨어지는 아이들에게 좋다.

우리의 식생활에서 쌀은 주요 에너지원이다. 매일 먹는 쌀을 현미로 바꾼다면 좋은 영양소를 섭취해 건강을 지키는 데 도움이 될 수 있다. 백미는 물에 한참 담가두면 썩지만 현미는 살아 있는 쌀이기 때문에 물에 담가두면 싹이 난다. 현미는 벼의 왕겨를 벗겨낸 것이고 백미는 현미의 표피 부분을 벗겨낸 것으로 그 과정에서 씨눈까지 제거된다. 현미에는 칼슘, 인, 철, 칼륨 등의 미네랄과 각종 비타민이 풍부하게 들어 있으며, 특히 식이섬유의 함유량이 백미보다 월등히 높아 균형 있는 영양 섭취가 가능하다. 그러나 모든 사람에게 좋은 것은 아니다. 백미에 비해 섬유소로 단단하게 싸여 있기 때문에 소화력이 낮은 아이들이 현미만 먹으면 소화 장애가 생기기도 한다. 따라서 소화력이 약한 사람이나 아이는 발아 현미를 먹는 것이 좋다. 현미는 씨눈이 싹 틔워져 있어 영양 성분이 증가할뿐더러 식감이 부드럽고 소화 흡수율이 좋다.

좋은 재료 선택하기 현미는 백미에 비해 지방 함량이 높아 공기 중에서 쉽게 변하므로 도정일이 가까운 것을 고르는 것이 좋다.

조리 포인트 현미는 왕겨만 벗겨낸 것이기 때문에 농약이 남아 있을 수 있으니 충분히 씻은 후 밥을 짓는다. 하룻밤 정도 담그면 수분이 흡수되는데 그동안 2~3회 정도 물을 갈아주면 혹시 모를 유해 물질까지 제거할 수 있다.

이렇게 보관하세요 현미는 오래두면 백미에 비해 밥맛이 쉽게 떨어진다. 현미 표면에 있는 단백질이나 지방 등의 성분이 공기와 닿으면서 산화되기 때문인데 가장 좋은 방법은 3~4kg 정도 소량씩 구입하여 단시간 먹는 것이다. 남았을 때는 밀봉하여 냉장고의 냉장실이나 김치 냉장고에 보관하는 것이 좋다.

백미와 발아 현미의 영양 비교
(한국식품연구소, 100g당)

구분	백미	발아현미
열량(kcal)	368	372.87
단백질(%)	6.3	8.06
지질(%)	0.8	2.87
식이섬유(%)	0.5	1.28
칼슘(mg)	5.0	12.71
비타민 B1(mg)	0.12	0.2

정서 안정 독소를 배출해서 아토피가 낫는
발아현미밥

아이들에게 처음부터 현미로 밥을 하면 딱딱해서 소화가 잘 안 되기도 하고 싫어하지요. 그럴 때 현미를 싹 틔워 만든 발아 현미로 밥을 해보세요. 밥이 부드러워지고 영양도 훨씬 좋아진답니다.

재 료 ● 발아 현미 2컵, 백미 1컵, 물 3컵

만 들 어 보 세 요

1 현미는 살살 문질러 씻은 뒤 바닥이 넓은 그릇에 붓고 잠길 만큼 물을 부어 따뜻한 곳에 둔다.

2 3~4시간마다 물을 갈아준다. 물을 갈지 않고 따뜻한 곳에 그대로 두면 쉽게 변할 수 있다.

3 물을 갈아주며 두면 여름에는 하루 반나절, 겨울에는 이틀 반나절 정도 되면 씨눈이 부풀어 오르면서 싹이 난다. 약 0.1~0.2cm 정도 싹이 나면 냉장실에 두고 먹는다. 3~4일 정도는 보관이 가능하다.

4 솥에 백미를 씻어 발아 현미와 섞어 물을 붓고 밥을 한다. 발아 현미는 충분히 불어 있으므로 따로 불리지 않는다. 냄비에 밥을 할 경우에는 물 양을 조금 더 잡고, 전기밥솥에 할 경우는 보통 때와 물 양을 같게 잡아 밥을 한다.

TIP 처음에는 발아 현미와 백미를 섞어 밥을 하고 점차 익숙해지면 발아 현미만으로 밥을 짓는다.

1   2   3   4

마늘과 발아 현미가 독소를 배출하는
발아현미닭죽

아이들이 싫어하는 마늘을
닭 끓일 때 넣고 끓여내면 닭의
누린내도 없어지며 마늘의 좋은 영양도
더할 수 있지요. 여기에 발아 현미를 넣고
죽을 끓이면 건강 만점
영양죽이 된답니다.

216

재 료 ● 발아 현미 1컵, 닭 1/2마리, 물 13컵, 마늘 10쪽, 실파 2뿌리(또는 대파), 소금 약간

만들어보세요

1 물을 갈아주면서 하룻밤 불린 발아 현미를 분량대로 준비한다.

2 닭은 꽁지의 기름 덩어리를 제거하고 크게 토막 낸다. 냄비에 분량의 물을 붓고 끓으면 손질한 닭과 마늘을 넣어 끓인다.

3 30분가량 끓이다가 건져 살은 바르고 닭뼈는 다시 넣어 30분가량 더 끓인 후 육수를 체에 걸러둔다.

4 발아 현미를 육수에 넣고 30분가량 쌀이 퍼질 정도까지 중간 불에서 끓인다.

5 쌀이 퍼지면 닭살을 넣고 10분가량 더 끓이다가 소금으로 간하고 송송 썬 실파를 넣는다.

T I P 통쌀로 죽을 끓일 때는 쌀이 1컵이면 물이 10컵, 쌀을 갈아서 죽을 끓이면 6컵 정도의 물을 넣고 처음부터 같이 끓여야 죽이 삭지도 않고 맛이 있게 된다.

🏠 **우리집에서는**

큰아이가 아토피가 너무 심해져 매일 약물 치료를 해야 한다고 했을 때 선택한 것이 발아 현미밥이에요. 식단에서 가장 큰 변화는 밥의 변화죠. 먼저 현미를 주로 넣은 잡곡밥으로 바꾸고 외식을 금했답니다. 다행히 큰아이는 잡곡밥을 잘 먹었지만 소화력이 약한 네 살 둘째아이는 밥만 먹으면 배가 아프다며 복통을 호소하더군요. 그 후 고민 끝에 현미를 발아시켜 발아 현미로 만들어 세끼 식사를 집에서 100% 발아 현미로 했더니 큰아이의 아토피 증세가 많이 호전되었고 다행히 둘째아이 역시 배앓이를 하지 않았어요. 그렇게 3년 동안 꾸준히 식생활을 변화해간 끝에 이제는 아토피가 있었는지도 모르게 되었답니다.

정서 안정 미네랄이 풍부한
발아현미크로켓

밥을 잘 안 먹는 아이들에게 밥에
각종 재료를 넣고 섞어서 크로켓으로
만들어주면 어찌나 잘 먹는지
만드는 대로 없어지지요. 속에 들어가는
재료로 아이들이 평소 잘 안 먹는 양파나
시금치, 당근 등을 넣어도
잘 보이지 않아 편식하는 것을
없앨 수 있어요.

재 료 ● 현미밥 2공기, 다진 배추김치 3, 다진 쇠고기 50g(생략 가능), 양파 1/4개, 모차렐라 치즈 1/3컵, 실파 2뿌리, 밀가루 1, 달걀 1/2개 분량, 소금 약간, 튀김기름 적당량
고기 양념 간장 0.5, 설탕 0.3, 후춧가루 약간
튀김옷 우리 밀가루 2, 달걀 1개, 빵가루 1/2컵

★ 재료중 배추김치, 양파 등은 냉장고에 있는 자투리 채소 가능

만 들 어 보 세 요

1 김치는 양념을 털어낸 다음 잘게 다져서 물기를 꼭 짠다.

2 양파와 모차렐라 치즈는 곱게 다지고, 실파는 송송 썬다.

3 쇠고기는 다져서 고기 양념하여 볶은 뒤 식힌다.

4 팬을 달군 후 양파를 볶는다.

5 볼에 찬밥과 김치, 양파, 쇠고기, 모차렐라 치즈, 실파 썬 것, 밀가루, 달걀을 넣고 소금으로 간하여 고루 섞는다.

6 양념한 밥을 부서지지 않게 한 주먹씩 꼭꼭 쥐어 원형으로 빚는다.

7 뭉친 밥은 밀가루를 묻혀 탁탁 두들겨서 부서지지 않게 모양을 잡은 후 달걀 푼 물, 빵가루 순으로 튀김옷을 입힌다.

8 빵가루가 겉돌지 않고 수분이 잘 스며들게 잠시 두었다가 180℃ 튀김기름에 넣어 노릇노릇하게 튀긴 다음 체에 건져놓아 기름을 뺀다.

정서 안정에
좋은 레시피

콩

TIP

콩은 생식을 하면 소화율이 떨어지기 때문에 날
로 먹으면 설사를 할 수가 있다. 따라서 반드시 익혀
먹도록 한다. 콩을 익히면 흡수를 방해하는 성분들이
열에 의해 파괴되어 쉽게 소화할 수 있게 된다.

콩은 '밭에서 나는 쇠고기'라고 불릴 만큼 양질의 단백질 식품
이다. 특히 쌀에 부족한 아미노산인 리신을 보충할 수 있어 곡류가
주식인 우리나라 사람에게 잘 맞는다. 식품으로 꼭 섭취해야 하는 필수지
방산과 비타민 E도 풍부하다. 콩에 함유된 지질은 대부분이 불포화지방산으로 트랜스 지
방산이나 육류의 동물성 지방이 혈관 내에 쌓이는 것은 막아 혈액이 잘 통하게 한다. 〈본초
강목〉에 콩은 피를 돌게 하고 독을 풀어준다고 기록된 것과 일맥상통한다. 콩의 지질 성분과
레시틴은 뇌의 활성을 도와 정서 안정에 효과적이다. 콩의 레시틴은 뇌를 구성하는 성분으
로 정서 안정에 도움이 되는 칼슘의 함량이 높으며 철, 아연 비타민 등이 포함되어 있다. 특히
콩에는 발암 물질을 희석하거나 흡착하여 배출하는 식이섬유가 풍부하며 펙틴은 장 기능을
개선할 뿐 아니라 중금속을 흡착, 배출한다.

제철 사철

같이 먹으면 좋아요 콩에 풍부한 필수아미노산은 백미에 부족한 단백질을 보충하여 단백가
를 높이므로 백미와 섞어 밥을 하면 좋다. 또 콩의 레시틴은 육류의 콜레스테롤을 낮춰주므
로 고기와 함께 먹는 것도 좋다. 비타민이 풍부한 레몬즙은 콩 속의 칼슘 흡수를 돕는다.

좋은 재료 선택하기 콩은 국내산을 고르도록 한다. 수입 콩는 유전자 조작된 농산물일 가능
성이 크다.

조리 포인트 콩 중에서도 검은콩은 항산화 효과가 커서 노화 방지에 좋으며 색이 짙을수록
효능이 뛰어나다. 검은콩의 색은 안토시아닌이란 색소 성분 때문으로 물에 잘 녹는다. 적은
양의 찬물로 천천히 불려야 항산화 효과가 있는 좋은 성분들을 제대로 섭취할 수 있다.

이렇게 보관하세요 말린 콩은 비닐에 담아 습기가 없는 곳에 보관하고, 풋콩은 쉽게 변질되
거나 싹이 나므로 바로 먹거나 손질해서 냉동한다.

혈액을 깨끗이 하는
콩전

> 콩을 갈아 돼지고기와 섞어
> 전을 지지면 바삭한 맛이 일품이지요.
> 콩은 끈기가 없기 때문에 콩을 갈 때
> 쌀을 조금 갈아 넣어 섞으면
> 전을 지져도 모양이 흐트러지지 않아요.
> 그래도 끈기가 없으니 모양을
> 작게 만드는 것이 좋답니다.

재 료 ● 콩 1컵(불린 것은 2½컵), 불린 쌀 1/2컵, 물 1/2컵, 다진 돼지고기 100g(생략 가능), 배추김치 100g, 실파 2뿌리, 소금 약간, 식용유 적당량

고기 양념 소금 0.2, 다진 마늘 0.2, 생강즙 0.3, 참기름 0.3, 후춧가루 약간

만 들 어 보 세 요

1 콩은 물을 넉넉히 붓고 5시간 정도 불린 뒤 껍질을 벗겨 씻는다. 불린 쌀과 불린 콩을 믹서에 함께 넣고 물을 1/2컵을 넣어 되직하게 간다.

2 배추김치는 물기를 꼭 짜서 잘게 썰고, 돼지고기는 고기 양념으로 밑간한다.

3 볼에 간 콩과 고기, 배추김치를 섞어서 반죽한 후 모자란 간은 소금으로 맞춘다.

4 달군 팬에 식용유를 넉넉히 두른 뒤 반죽을 작고 둥글게 빚어 올리고 송송 썬 실파를 올려 노릇하게 지진다.

두뇌 건강을 돕는
콩죽

정서
안정

콩이 쌀에 부족한
필수아미노산인 리신을 보충해주지요.
부드러운 맛이 아주 좋은데 봄철에는
쑥을 넣어도 잘 어울려요.

재 료 ● 불린 흰콩 2컵, 물 12컵, 쌀 1컵, 소금 0.3

만 들 어 보 세 요

1 냄비에 불린 흰콩과 물 12컵을 부어 속이 익을 정도 콩을 삶는다. 콩은 건져서 껍질을 벗기고 콩물
  은 남겨둔다. 쌀은 물을 잠길 만큼 부어 불린다.
2 삶은 콩에 콩 삶은 물 2컵을 부어 믹서에 간다.
3 냄비에 불린 쌀과 콩 삶은 물 10컵을 붓고 쌀알이 퍼질 정도까지 서서히 끓인다.
4 쌀이 투명하게 익으면 ②의 콩 간 것을 넣고 잘 어우러지게 끓인다.
5 소금으로 간을 맞춘다. 설탕을 약간 넣어도 좋다.

+ C O O K 검은콩조림

재 료 ● 콩 1컵, 설탕 4, 간장 1/2컵, 콩삶은 물 1/2컵, 조청 2, 통깨 0.5
만 드 는 법 ● ❶ 마른 콩을 깨끗이 씻어 인 후 30분가량 불린다.
❷ 콩이 잠길 정도로 물을 넉넉히 붓고 뚜껑을 덮어 10분가량 삶는다.
삶는 정도는 씹어보아 비린내가 나지 않을 만큼이면 된다.
❸ 삶은 콩에 설탕을 넣고 조리다가 1/3 정도 졸면 간장을 부어 조린다.
❹ 장물이 1/2로 졸면 뚜껑을 열고 불을 줄인 다음 아래위로 뒤적거린 뒤
조청을 넣어 껍질이 쪼글쪼글할 때까지 계속 조린다.
❺ 장물이 자작하게 줄어들면 남으면 불을 끄고 통깨를 넣어 섞는다.

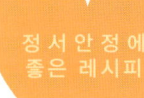
멸치

TIP
멸치를 갈아서 천연 조미료처럼 쓸 때는 말려서 가는 것이 좋다. 시판용 멸치는 수분의 함량이 높은 경우가 많아 보관 중 변하기 쉽고 비린 맛이 나기도 한 다. 마른 팬에 잠시 볶거나 반나절 정도 말린 후 갈면 비린 맛도 줄어들고 보관 기간도 늘릴 수 있다.

멸치는 뼈 건강을 지키는 천연 칼슘 덩어리다. 칼슘은 뼈를 튼튼히 하고, 몸을 구성하는 세 포를 활성화하는 역할을 한다. 특히 칼슘은 체액에 녹아 신경 전달 작용을 하기 때문에 부족 하면 불안, 초조하기 쉽고 신경이 예민해진다. 멸치의 칼슘은 식물성 식품에 비해 흡수율이 높아 한창 크는 어린이의 성장에도 탁월한 식품이다. 또한 멸치는 두뇌 발달에도 좋은 식품 으로 불포화지방산의 일종인 DHA가 풍부하다. DHA는 뇌를 비롯하여 신경조직에 많이 함 유되어 있어 뇌세포의 성장과 기억력, 학습 능력을 좋게 한다.

제철 사철

같이 먹으면 좋아요 멸치의 칼슘은 비타민 C가 풍부한 고추 등과 곁들이면 흡수가 잘된다. 멸치에 들어 있는 DHA는 공기와 닿으면 쉽게 산패하는데 녹황색 채소와 함께 먹으면 산패 는 속도를 늦출 수 있다.

좋은 재료 선택하기 멸치는 짜지 않은 것이 좋고, 비리거나 떫은맛이 나는 것은 좋지 않다. 흰색이나 파란빛이 나며 투명한 멸치가 상품이다.

조리 포인트 멸치를 넣고 끓인 국물은 칼슘 함량이 낮으므로 멸치를 으깨서 넣거나 건지까 지 먹도록 한다.

이렇게 보관하세요 멸치에 함유된 지방은 공기 중 두면 쉽게 변하는데 변한 지방은 약이 아 닌 독이 된다. 신선한 것을 소량씩 구입하여 바로 먹는 것이 좋고 남으면 밀봉하여 냉동 보 관한다.

칼슘이 뼈도 튼튼 정서도 안정시키는
멸치삼각김밥

볶은 멸치와 다시마조림을
밥과 섞어 주먹밥으로 만들면 간단한
한 끼 식사가 됩니다. 김치나 멸치 등
에 간이 되어 있기 때문에 따로
간은 안 해도 돼요.

재 료 ● 잔멸치 30g, 다시마조림 4(생략 가능), 다진 김치 3, 밥 2공기, 김밥용 김 1/2장, 통깨 1
김치 양념 깨소금 1, 참기름 0.5, 설탕 0.2

만 들 어 보 세 요

1 멸치는 마른 팬에 볶아 면 보자기에 싸서 비빈 뒤 체에 쳐 잔가시나 이물질을 털어낸다. 팬에 기름을
   약간 두르고 볶다가 통깨를 넣어 섞는다.
2 다시마조림은 채 썰어 조린 뒤 1cm 길이로 자르고(다시마조림 P47 참조), 다진 김치는 국물을 짠
   다음 김치 양념을 넣어 버무린다.
3 밥에 ②의 다시마와 김치, ①의 멸치를 넣어 가볍게 버무린다.
4 ③의 밥을 적당한 크기로 떼어내 둥글게 만든 후 삼각형으로 모양을 잡는다. 김밥용 김을 반으로
   자른 것을 다시 4등분하여 주먹밥 밑부분을 감싼다.

체내 미네랄 밸런스를 조절하는

멸치국수

정서
안정

아이들은 국수 먹는 것은 좋아하지요.
국수 장국만 있으면 쉽게 만들 수 있어요.
  그런데 장국을 낼 때 제 맛이
안 나 이것저것 넣고 고민하다가 조미료를 넣기
쉽잖아요. 이제 멸치와 디포리(밴댕이 말린 것)를
    넣어 같이 끓여보세요.
    훨씬 구수한 맛이 난답니다.

재 료 ● 소면 300g, 달걀 1개(생략 가능), 다진 김치 4

국수 장국 국물용 멸치 20마리, 디포리 2마리, 무 5cm 1토막, 다시마(5×5cm 크기) 2조각, 마늘 5쪽, 물 12컵, 국간장 · 소금 약간씩

김치 양념 참기름 0.5, 깨소금 0.3, 설탕 0.3

호박나물 호박 1/2개, 소금 0.3, 다진 파 · 마늘 0.3씩, 깨소금 0.2, 참기름 0.2

만 들 어 보 세 요

1 냄비에 분량의 물을 붓고, 다시마와 무, 마늘을 넣어 끓이다가 내장과 머리를 뺀 멸치와 디포리를 넣고 20분가량 끓여 국수 장국을 만든다.

2 ①의 국물을 체에 거른 뒤 국간장과 소금으로 간을 맞춘다. 국수가 들어가면 간이 싱거워지니 간을 약간 세게 맞추는 것이 좋다.

3 다진 김치는 국물을 꼭 짜 김치 양념으로 무치고, 달걀은 얇게 지단을 부친 후 돌돌 말아 채 썬다.

4 호박나물은 돌려 깎아 곱게 채 썰어 소금에 살짝 절인 다음 다진 파, 다진 마늘, 깨소금, 참기름을 넣고 볶는다.

5 끓는 물에 소면을 넣고 삶은 뒤 건져서 찬물에 헹군다. 국수를 사리 틀어 그릇에 담고 다진 김치, 볶은 호박, 달걀 지단을 고명으로 올린 후 ②의 장국을 끓여서 붓는다.

🏠 우리집에서는

주말이나 시간이 좀 여유가 있을 때 넉넉하게 멸치 장국을 끓여두고 각종 음식을 할 때 쓰지요. 국수 장국은 간이 안 된 국수가 들어가기 때문에 보통 국보다 약간 간을 세게 하는 것이 좋아요. 우리집에서는 간은 싱겁게 하고 김치는 잘게 썰어 넣어 간을 맞추지요. 아이들이 김치의 매운맛을 싫어한다면 잘게 썰어 김칫국물을 꼭 짠 다음 설탕 양을 조금 늘려 무쳐 넣어보세요. 약간의 설탕이 매운맛과 짠맛을 낮춰준답니다.

신경을 안정시키는
멸치콩조림

멸치조림과 콩조림은 친숙한 밑반찬들이죠.
두 가지를 만들어 섞어보세요.
색다른 맛이랍니다.

재 료 ● 멸치 100g, 검은콩 1/2컵, 흰콩 1/2컵, 참기름 0.5

멸치조림 식용유 2, 조청 2, 청주 1

콩조림 간장 4, 설탕 2, 조청 2

★재료중 검은콩과 흰콩은 선택 가능

만 들 어 보 세 요

1 콩은 각각 씻어 불려 잠길 정도의 물을 붓고 속까지 익도록 10분가량 삶는다.

2 삶은 콩에 각각 간장·설탕·조청을 넣어 서서히 조린다.

3 달군 팬에 기름을 두르고 멸치를 볶아 바삭해지면 조청과 청주를 넣어 조린다.

4 멸치에 조린 콩을 모두 넣고 볶다가 참기름을 넣어 섞는다.

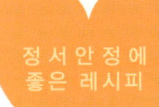

정서안정에
좋은 레시피

명태

TIP
명태는 '함경북도 명천(明川) 사람 태(太) 모 씨가
잡은 고기라 하여 명태라 명하였다'고 하는 설이 있고,
이 생선을 먹으면 눈이 맑아진다 하여 명태라
이름 붙였다는 이야기도 있다. 또한 '북쪽 바다에서
많이 나기 때문에 북어라고 한다'는 이야기도 있다.

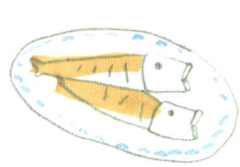

명태는 우리나라에서 매우 친근한 생선으로 여러 이름으로 불리는데, 생물 명태는 생태, 말린 명태는 북어, 얼린 명태는 동태, 반쯤 건조한 것은 코다리, 새끼 명태는 노가리라고 한다. 명태는 대구과에 속하며 대구와 비슷하지만 좀 더 홀쭉하고 길며, 동해에서 잡히는 명태가 가장 맛이 좋다. 명태는 어느 한 군데 버릴 데가 없는 생선으로 살은 국이나 찌개를 끓이고, 내장으로는 창란젓을 만들며, 알은 명란젓을 담가 먹고, 눈알은 구워 술안주로 먹기도 한다. 특히 명태 눈에는 비타민 A와 콜라겐이 많이 함유되어 시력 보호와 피부 보호에 좋다. 명란은 비타민 E와 DHA, EPA의 함량이 높다. 북어는 명태에 비해 단백질의 함량이 높고 칼슘과 철분이 풍부하여 어린이의 정서 안정에 좋다.

제철 근해에서 잡히는 명태, 즉 지방태는 추운 겨울인 12~1월에 가장 맛이 좋다. 그러나 동태는 요즘 원양 어업으로 잡기 때문에 사철 구할 수 있다.

같이 먹으면 좋아요 명태에는 알코올을 해독하는 아미노산의 함량이 많은데 콩나물 역시 아스파라긴산과 비타민 C의 함량이 높아 두 재료를 같이 조리하면 상승 효과가 있다.

좋은 재료 선택하기 생태는 몸에 탄력이 있고 아가미가 붉으며 눈이 맑고 또렷한 것이 신선하다. 머리부터 꼬리까지 반듯한 것이 좋고 배 부분이 팽팽하게 탄력 있고 단단한 것이 좋다. 시중에서 유통되는 북어는 대부분 먼 바다에서 잡은 명태를 얼려 들여와 강원도 덕장에서 말리는데 살이 누렇고 포근포근하며 부드러운 것이 좋다. 기계로 말린 것은 흰빛이 나며 윤기가 없고 조직이 단단하다.

이렇게 보관하세요 해동한 동태는 다시 냉동하면 맛이 떨어지므로 한번에 모두 조리하도록 한다. 북어는 수분이 많은 곳에 두면 곰팡이가 날 수 있으므로 밀봉하여 냉동 보관한다.

정서
안정

해독 작용을 하는
북어비빔밥

북어포로 보푸라기를 만들어
무나물과 함께 비벼보세요. 담백한 맛을
느낄 수 있을 거예요. 자극적이지 않아
아이들이 먹기도 좋고, 무나물이 들어가
소화도 잘된답니다.

재 료 ● 밥 2공기, 김 1장, 무나물 1접시(100g), 오이나물 1접시(100g), 콩나물 1접시(100g), 깨소금 약간
북어 보푸라기 북어포 50g, 간장 1, 설탕 1, 깨소금 0.2, 참기름 0.2, 후춧가루 약간 **밥 양념** 간장 0.5, 참기름 0.5, 깨소금 0.5
양념간장 간장 2, 다진 실파 약간, 참기름 0.3, 깨소금 0.3 ★ 재료중 나물류는 아이들이 좋아하는 나물로 변경 가능

만 들 어 보 세 요

1 북어는 두드려 부드러워지면 머리와 껍질, 뼈 등을 발라내고 살만 분쇄기에 간다. 북어가 너무 건조할 때 갈면 가루가
  되므로 스프레이로 물을 뿌린 후 잠시 두었다가 간다.

2 북어 양념을 분량대로 섞은 뒤 손질한 북어포를 넣고 고루 무쳐 북어 보푸라기를 만든다.

3 김은 구운 뒤 부수어 가루로 만들고, 오이나물과 무생채, 콩나물무침을 준비한다(오이나물 121P, 무생채 211P, 콩나
  물무침 189P 참조).

4 고슬고슬하게 지어 밥 양념으로 밑간한다.

5 ④의 밥을 그릇에 담고 ②의 북어무침과 무나물, 오이나물, 콩나물, 김 가루를 올린 후 깨소금을 뿌린다. 양념 간장을
  분량대로 만들어 비벼 먹는다.

1 2 3 4

정서
안정

필수아미노산이 풍부한

즉석 어묵볼

시판되는 어묵의 주성분을 생선살로
아는 경우가 대부분이지만 생각보다 전분과
식품 첨가물이 많이 들어간답니다. 어묵 만들기,
생각보다 어렵지 않아요. 보통 명태 같은
흰살생선으로는 다 만들 수 있지요.
소금과 생선살을 같이 갈면 단백질이
녹아 나와 쫄깃한 어묵이 된답니다.
반죽은 넉넉히 만들어 얇게 펴서 냉동했다가
필요할 때마다 녹여서 써도 좋아요.

재 료 ● 명태살 200g, 오징어 1마리, 깻잎 3장, 당근 1/5개, 다진 마늘 0.5, 생강즙 0.3, 우리 밀가루 3, 달걀흰자 1/2개 분량, 청주 0.3, 소금 0.2, 튀김기름 적당량

★ 재료중 오징어, 깻잎, 당근은 냉장고에 있는 자투리 채소 활용

만 들 어 보 세 요

1 명태살과 오징어는 깍뚝 썰고, 깻잎과 당근은 잘게 다진다.

2 명태살과 오징어, 소금, 청주를 분쇄기에 넣고 끈기가 나도록 곱게 간다.

3 ②와 다진 깻잎, 다진 당근을 모두 섞은 후 다진 마늘과 생강즙, 밀가루, 달걀흰자를 섞어 반죽을 만든다.

4 ③의 반죽을 숟가락으로 동그랗게 떠내어 160℃의 기름에 노릇하게 튀긴다.

항체를 만드는
코다리닭찜

정서
안정

쫄깃하게 말린 코다리를
닭과 함께 간장과 조려내면
근사한 요리가 되지요. 닭은 먹기 좋게
잘라 생강이나 마늘과 함께 넣고 노릇하게
지겨내면 기름기도 빠지고 씹는 맛도
좋아진답니다.

재 료 ● 코다리 1마리(또는 북어), 닭 1/2마리(600g)(생략 가능), 마늘 2쪽, 생강 1톨, 식용유 2, 다시마(5×5cm 크기) 4조각, 소금 0.2, 후춧가루 약간씩
찜 양념장 다진 파 1, 다진 마늘 0.5, 간장 4, 조청 2, 다시마 우린 물(또는 물) 2컵, 설탕 1, 깨소금 1, 참기름 1, 후춧가루 약간

만 들 어 보 세 요

1 닭은 깨끗이 손질해 먹기 좋은 크기로 토막 낸 뒤 소금과 후춧가루로 밑간해놓는다.

2 달군 팬에 식용유를 두르고, 편으로 썬 마늘과 생강을 넣고 볶는다. 밑간한 닭고기의 물기를 닦아 팬에 넣고 앞뒤로 노릇하게 지진 다음 망에 밭쳐 여분의 기름을 뺀다.

3 코다리는 씻어서 물기를 뺀 뒤 지느러미 등을 손질한 후 4cm 폭으로 토막 낸다.

4 다시마는 도톰한 것으로 준비해 물에 잠깐 불렸다가 건져 3×4cm 정도의 크기로 썰고, 다시마 우린 물은 찜 양념장에 쓸 수 있도록 둔다.

5 냄비에 다시마, 닭, 코다리 순으로 넣고 나서 찜 양념장을 넣어 뚜껑을 닫고 서서히 끓인다. 가끔 위아래 를 뒤섞으면서 국물이 잦아들어 윤기가 날 때까지 찐다.

돼지고기

돼지고기는 성장에 꼭 필요한 필수아미노산이 풍부하며 다른 고기와는 달리 비타민 B_2의 함량이 높아 쇠고기의 10배에 달한다. 비타민 B_2가 부족할 경우, 피로감과 전신 권태가 느껴지며 어깨 결림이 생기거나 집중력, 기억력이 떨어질 수 있다. 철분의 함량은 다른 육류와 비슷하지만 부드럽고 흡수율이 더 높기 때문에 빈혈 예방에도 좋다.
돼지고기는 지방의 함량이 높은데 이 지방은 맛이 부드러우며 폐에 쌓인 공해 물질을 중화하고 유해 물질을 몸 밖으로 가지고 나가는 효과가 있다. 폐에 손상을 주거나 체내에 축적되어 독성을 발휘할 수 있는 중금속을 흡착해서 체내 흡수를 막고 체외로 배설시키는 작용을 하는 해독 음식이다.

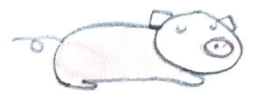

제철 사철

같이 먹으면 좋아요 돼지고기는 콜레스테롤의 함량이 높은데 체내 흡수를 막고 혈액 중의 콜레스테롤이 혈관에 붙지 않도록 하기 위해서는 버섯과 같이 먹는 게 좋다. 버섯의 식이섬유가 콜레스테롤의 체내 흡수를 억제한다. 새우젓은 돼지고기의 단백질과 지방을 소화할 수 있는 효소가 풍부해 천연 소화제 역할을 한다.

좋은 재료 선택하기 연한 핑크빛이 돌면서 기름지고 윤기 있는 것, 또 지방은 단단하고 끈기가 있어 썰 때 달라붙는 것이 좋다.

조리 포인트 고기는 고온에서 가열할 경우 유해 물질이 생길 수 있다. 가급적 태워가며 구운 것보다는 삶거나 쪄 먹는 방법이 발암 물질을 줄일 수 있다.

이렇게 보관하세요 돼지고기는 쇠고기에 비해 숙성 기간이 짧고 더 빨리 상한다. 고기는 표면이 마르지 않게 비닐랩이나 지퍼팩에 넣어 공기가 닿지 않도록 한 뒤 몇 시간 이내에 조리할 것이라면 신선실에 넣고, 그렇지 않은 경우에는 반드시 냉동 보관한다. 한 번 해동한 고기는 다시 냉동하지 않는 것이 좋으므로 한 번 먹을 만큼씩 나누어서 보관한다.

중금속을 배출하는
사태마늘장조림

정 서
안 정

장조림은 돼지고기의 다릿살인
아롱사태로 만드는 게 좋은데 아롱사태는
사이사이 콜라겐이 있어 장조림을 했을 때
쫄깃한 맛을 내지요. 장조림을 할 때
마늘을 넉넉히 넣으면 돼지고기의
콜레스테롤을 낮춰주면서
비타민 B군의 활성을
도와준답니다.

재 료 ● 돼지고기(사태) 400g, 물 5컵, 마늘 10쪽, 대파 1대, 생강 1톨, 간장 6, 설탕 3, 청주 1, 조청 1

만 들 어 보 세 요

1 돼지고기는 찬물에 30분가량 담가 핏물을 뺀다.

2 물 5컵을 끓이다가 고기와 대파, 생강을 넣고 꼬치로 찔러보아 핏물이 나오지 않을 정도로 40분가량
　무르게 삶는다. 고기가 익으면 대파와 생강을 건진다.

3 ②에 간장과 설탕, 청주, 조청을 넣고 20분가량 끓인다.

4 국물이 1/3 정도 줄어들면 마늘을 반 잘라 넣고 약한 불에서 10분 정도 조린다.

1

2

4

정서
안정

뇌에 혈액 공급을 원활하게 하는
돼지갈비조림

돼지갈비를 서서히 튀겨 기름을
쭉 뺀 후 제철 과일과 섞어 토마토케첩으로
버무리면 푸짐한 요리가 된답니다.
돼지갈비는 찬물에 담가 핏물을 뺀 후
양념하여 속까지 완전히 익도록
낮은 온도에서 서서히 튀긴 다음 온도를
올려 튀겨내야 좋아요.

재 료 ● 돼지갈비 500g, 간장 1, 청주 1, 녹말 1(또는 밀가루), 사과 1개(생략 가능), 튀김기름 적당량
소스 토마토케첩 5, 설탕 3(또는 양파잼 200P참조)

만 들 어 보 세 요
1 돼지갈비는 먹기 좋은 크기로 잘라 한 번 씻은 뒤 핏물이 빠지도록 찬물에 담가둔다.
2 핏물이 어느 정도 빠지면 돼지갈비를 건져 간장, 청주, 녹말을 넣고 고루 주물러 30분 이상 재워둔다.
3 130℃의 기름에 돼지갈비를 넣어 10분 정도 익히다가 160℃ 정도가 되도록 기름 온도를 올려 노릇하게 튀긴다.
4 팬에 토마토케첩과 설탕을 넣고 불을 올려 소스를 만든 다음 튀긴 돼지고기와 먹기 좋게 자른 사과를 넣어 버무린다.

미네랄이 풍부한
삼겹살두부조림

구워만 먹던 삼겹살을 별미로
먹을 수 있지요. 삼겹살을 삶은 후
조림장에 두부와 함께 조려내면
푸짐하면서도 새로운 맛이
일품이랍니다.

재 료 ● 삼겹살 400g, 두부(부침용) 1/2모, 사과 1/2개, 대추 5알, 마늘 10쪽, 양파 1/2개, 생강 1톨, 대파
뿌리 약간, 된장 1, 식용유 약간
조림장 간장 5, 조청 2, 설탕 2, 청주 2, 생강 1톨, 물 1컵
★ 재료중 사과와 대추는 생략 가능

만 들 어 보 세 요

1 삼겹살은 4cm 폭으로 잘라 찬물 담가 핏물을 뺀다. 냄비에 삼겹살을 넣고 마늘 5쪽, 양파, 대파뿌리,
생강 등을 큼직하게 썰어 넣는다. 물을 잠길 만큼 부은 뒤 된장을 풀고 속까지 익도록 40~50분가량
삶은 뒤 고기만 건져놓는다.

2 달군 팬에 식용유를 두르고 삶은 삼겹살을 지진다.

3 두부는 깍둑 썰어 팬에 노릇하게 지진 뒤 키친타월에 올려 기름을 빼둔다. 사과는 껍질을 벗겨 큼직
하게 자르고, 대추는 씨를 발라낸다.

4 분량대로 만든 조림장을 불에 올려 끓기 시작하면 돼지고기, 사과, 마늘(5쪽)을 넣고 중간 불로 조린다.

5 조림장이 1/4 정도 줄면 두부와 대추를 넣고 윤기 나게 조린다.

TIP 돼지고기를 삶을 때 된장을 넣으면 고기 특유의 누린내가 없어지고 된장이 항산화 작용을 하기 때문에 아주 효과적이다.

집중력을 높이는
돈가스샐러드

돈가스는 아이들이 가장
좋아하는 메뉴 중 하나지만 기름기가
많아 소화는 잘 안 된답니다. 여기에
양배추를 곱게 채 썰어 곁들이면 맛도 좋고,
소화도 도와주지요.

1   2-1   2-2   4

재 료 ● 돼지고기(등심) 200g, 양배추 1/4통, 붉은 양배추 약간(생략 가능), 우리 밀가루 2, 달걀 1개,
빵가루 5, 소금 · 후춧가루 약간, 튀김기름 적당량
드레싱 마요네즈 3, 씨겨자 0.3(생략 가능), 레몬즙 1(또는 식초), 꿀 0.5

만들어보세요
1 양배추와 붉은 양배추는 곱게 채 썰어 찬물에 10분 정도 담갔다가 건져 물기를 뺀다.
2 돼지고기는 얄팍하게 썰어 소금, 후춧가루로 간한 다음 밀가루, 달걀물, 빵가루의 순으로 튀김옷을
입힌다.
3 170℃로 달군 기름에 ②의 돈가스를 넣어 노릇하게 튀긴 후 키친타월에 올려 기름을 뺀 다음 먹기
좋은 크기로 자른다.
4 볼에 분량의 드레싱 재료를 한데 담고 고루 섞는다.
5 접시에 돈가스와 양배추를 담고 드레싱을 곁들여 낸다.

유해 물질을 배출하는
등갈비찜구이

정서
안정

돼지 등갈비는 아이들이
참 좋아하는 메뉴지요. 등갈비를
된장을 넣고 한 번 삶은 후 조리면
조리 시간도 짧고 누린내도
없어진답니다.

재 료 ● 돼지 등갈비 600g, 대파 1대, 마늘 4쪽, 생강 1톨, 된장 1, 옥수수(삶은 것) 1개(생략 가능), 올리브유 약간
조림장 간장 4, 청주 3, 조청 3, 설탕 1, 마늘 4쪽, 생강 1톨, 마른 고추 1/2개(생략 가능), 사과 1/4개

만 들 어 보 세 요

1 등갈비는 찬물에 1시간 정도 담가 핏물을 빼서 준비한다.

2 뼈 사이사이 가운데 부분에 칼집을 살짝 넣는다.

3 갈비가 잠길 정도로 물을 붓고 대파와 마늘, 생강 등의 향신채와 된장 1큰술을 넣고 고기가 익을 정도 센 불에서 20분 정도 삶는다.

4 조림장용 생강과 마늘을 납작하게 편으로 썰고 마른 고추는 1cm 길이로 자른다. 사과는 강판이나 믹서에 간다.

5 팬에 분량의 재료를 넣어 조림장을 만들어 끓이다가 ③의 갈비를 넣고 불을 약하게 하여 양념이 배도록 끓인다.

6 속까지 양념이 잘 스며들면 오븐에 10분가량 굽는다. 오븐에 굽지 않고 찜 양념이 거의 없어질 때까지 조려도 좋다.

7 삶은 옥수수를 3~4cm 길이로 잘라 올리브유를 두른 팬에 잠시 구운 후 등갈비와 곁들인다.

우유와 요구르트

TIP
요구르트는 식후에 먹는 것이 가장
효과적인데 유산균이 살아서 장까지 도달
하기가 쉽기 때문이다. 공복에 마실 때는
물을 한 잔 마시고 먹는 것이 좋다.

요구르트는 장 속에 있는 나쁜 균을 물리치고 장을 깨끗하게 청소해준다. 장은 우리 몸에서 중요한 면역 기관이자 해독 작용에 관여하는 기관이다. 장 기능이 좋다는 것은 건강하다는 증거라고 할 수 있다. 요구르트의 유산균은 장의 건강을 책임진다. 요구르트를 상식하면 장 내 좋은 균들이 활성화되면서 장 내 유해 물질의 배출을 도와 장이 건강해지고 변비나 설사의 증상을 호전시킬 수 있다. 특히 요구르트의 유산균은 우유의 단백질, 유당, 유지방 등을 분해하여 흡수되기 쉬운 형태로 바꿔주기 때문에 우유를 잘 못 먹는 아이들에게도 좋은 식품이다.

제철 사철
같이 먹으면 좋아요 정장 효과를 높이기 위해서는 식이섬유가 풍부한 채소나 과일과 함께 먹는다. 매운맛이 강한 음식에 요구르트를 넣으면 맛이 부드러워진다.
좋은 재료 선택하기 시판하는 요구르트는 당분이 상당량 함유되어 있다. 따라서 당분 함량을 확인하여 가능하면 당분이 적은 요구르트를 고르고, 한번에 너무 많이 먹지 않도록 주의한다.
조리 포인트 유산균은 냉동을 해도 좋은 균들이 그대로 살아 있기 때문에 얼려서 조리해도 좋다. 단 얼렸다 녹였다를 반복하면 유산균이 죽을 수도 있다.
이렇게 보관하세요 요구르트는 상하기 쉬우므로 반드시 냉장 보관한다.

정서
안정

장을 깨끗이 해주는
우유보리죽

죽을 쑬 때 물 대신
우유를 넣고 죽을 끓이면
우유와 보리가 참 잘 어울려
매우 구수한 죽이 된답니다. 보리가
없으면 대신 쌀을 써도 되고,
찹쌀은 빼도 된답니다.

재 료 ● 우유 3컵, 보리쌀 1/2컵, 찹쌀 2(또는 멥쌀), 잣 1(생략 가능), 물 2컵, 소금 약간

만 들 어 보 세 요

1 보리쌀은 깨끗이 씻어 2시간 이상 불린 뒤 믹서에 물 1컵과 함께 넣어 간다.

2 찹쌀도 같은 방법으로 불려 ①에 잣과 함께 넣어 다시 한번 간다.

3 냄비에 ②와 물 1컵을 넣고 투명해지도록 저으면서 끓인다.

4 죽이 퍼지면 약한 불로 줄이고 우유를 넣어 잘 저으면서 5분 정도 끓이다가 먹기 직전에 소금으로
간을 맞춘다.

장 기능을 강화하는
요구르트카레

정서
안정

요구르트를 카레에 넣으면
매운맛이 부드러워져서 아이들 먹기가
좋아지지요. 또한 유지방이 카레 속
노란 색소인 강황의 흡수율을
증가시켜요.

재 료 ● 플레인요구르트 100g, 돼지고기(안심) 200g, 감자 2개, 애호박 1/2개, 양파 1/2개, 카레가루 50g(1/2봉), 물 2컵, 청주 · 소금 · 후춧가루 약간씩　★ 재료중 채소류는 냉장고 자투리 채소 활용

만 들 어 보 세 요

1 돼지고기는 도톰하게 썬 후 사방 2cm 크기로 썰어 청주와 후춧가루, 소금으로 밑간한다.

2 채소는 모두 먹기 좋은 크기로 깍둑 썬다.

3 달군 팬에 기름을 두르고 양파를 노릇해질 때까지 볶다가 고기와 감자, 호박을 볶아 물 1½컵을 넣고 끓인다. 카레가루는 ½컵의 물에 풀어놓는다.

4 채소와 고기가 익으면 카레가루를 푼 물을 넣어 끓인다.

5 카레가 어우러지게 끓으면 요구르트를 넣고 끓어오르면 불을 끈다.

🏠 우리 집에서는

우리 집 첫째는 편식이 아주 심한 편이지요. 특히 양파는 아이가 싫어하는 재료라 음식에 조금이라도 들어간 것이 보이면 음식 자체를 거부할 정도였어요. 그래서 생각한 것이 양파를 다져서 볶는 것이었죠. 양파는 볶으면 단맛이 증가하므로 음식을 할 때 불을 약하게 하여 양파에서 노란빛이 날 때까지 충분히 볶은 후 음식을 만들었지요. 양파의 모양이 보이지 않고 단맛이 늘어나니 양파가 많이 들어간 음식도 잘 먹는답니다.

칼슘과 비타민이 풍부한
정서
안정
3가지 맛 요구르트

시판되는 요구르트에는
첨가물과 당분이 꽤 많이 들어 있어요.
이제 집에서 쉽게 요구르트를 만들어주세요.
단맛은 적지만 색다르게 맛있지요.
특히, 오디 당절임이나 과일 등과 곁들이면
아이들이 더욱 맛있게 먹는답니다.

재 료 ● 요구르트 1컵(우유 1ℓ, 액상 요구르트 150㎖ 또는 시판 플레인요구르트), 오디당절임 2, 딸기 6개,
블루베리 1/4컵

★ 오디당절임 : 오디 1kg, 설탕 1kg

만 들 어 보 세 요

1 오디는 초봄에 제절일 때 동량의 설탕을 넣고 절인다. 설탕이 녹으면 공기와 접촉이 적은 입구가
  좁은 통에 담아 냉장한다. 1년 이상 저장이 가능하다.

2 우유에 액상 요구르트를 부어 요구르트 제조기에 넣고 9시간쯤 두어 요구르트를 만든다.(번거롭다면
  시판용 떠 먹는 요구르트를 선택한다.)

3 그릇에 요구르트를 담고 오디 당절임과 곁들여 담는다.

4 딸기나 블루베리 등에도 요구르트를 곁들여 담는다.

🏠 우리 집에서는

우리 집 작은아이는 우유 대장으로 하루에 1ℓ도 먹지만 큰아이는 우유
를 통 안 먹지요. 대신 요구르트는 잘 먹는데 시판용 요구르트는 당분이
많아서 집에서 요구르트를 만들어 먹인답니다. 요구르트를 음식에도
쓰고요, 과일과 곁들이면 얼마나 잘 먹는지 몰라요. 요구르트는 우유
보다 소화가 잘되고 장을 튼튼하게 하지요. 요구르트에 제철 나오는
과일을 섞어서 먹으면 과일의 비타민 C가 칼슘의 흡수를 도우니
더 효과적이지요.
오디는 초여름에 나오는데 짙은 보라색이 아주 매력적인 과일
이에요. 과일의 색마다 항산화 효과가 뛰어나 많이 먹으면 좋아요.
하지만 오디는 저장하기가 어렵지요. 우리 집에서는 오디철에
10kg 정도를 오디가 많이 나는 전라도 쪽에서 구입해서 반은 팩에
담아 냉동하고, 반은 동량의 설탕에 당절임을 하여 요구르트에
곁들여 먹어요. 그러면 색도 좋고 맛도 좋아진답니다.

냉동오디

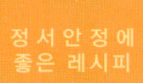

정서 안정에
좋은 레시피

마늘

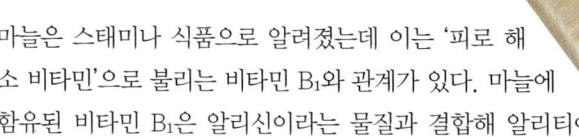

TIP

비타민 C와 유황을 포함한 아미노산, 셀리늄, 아연을 많이 함유한 식품은 해독 작용이 뛰어나다. 유황을 함유한 채소, 즉 마늘, 양파, 파 등을 먹으면 유독 물질이 그 채소에 흡수, 체외로 배출되어 중금속 오염의 피해를 줄일 수 있다.

마늘은 스태미나 식품으로 알려졌는데 이는 '피로 해소 비타민'으로 불리는 비타민 B_1와 관계가 있다. 마늘에 함유된 비타민 B_1은 알리신이라는 물질과 결합해 알리티아민이라는 물질이 된다. 이 비타민은 에너지를 공급하는 데 꼭 필요하며 노폐물 배출과 신진대사에 영향을 미친다. 마늘이 함유한 비타민 B_1은 몸에서 에너지 합성이 잘 되게 하며 노폐물이 잘 배출되게 하고 신진대사를 원활하게 해 피로 해소와 체력 향상에 효과가 있다. 마늘에는 아연도 다른 식품에 비해 월등히 많이 들어 있는데 아연은 단백질 합성과 성장을 위한 필수 영양소다. 새로운 조직을 만드는 데 꼭 필요한 영양소로 결핍 시 성장 저해, 식욕 부진을 일으키고 상처 회복을 지연시키거나 면역력을 떨어뜨린다.

제철 7~8월

같이 먹으면 좋아요 식초와 같이 조리하면 마늘의 매운맛과 냄새를 줄일 수 있다. 육류를 먹을 때 마늘을 곁들이면 혈중 콜레스테롤 수치를 낮춰주며, 마늘과 해초를 함께 먹으면 몸 안의 유해한 중금속을 배출하는 효과가 높아진다. 셀레늄이 풍부한 참깨와 마늘을 같이 먹으면 효과가 더 크다

좋은 재료 선택하기 7~8월에 나오는 육쪽마늘이 좋은데, 껍질의 색이 희고 둥그스름하며 속이 알차 딱딱하고 무거운 것을 고른다. 장아찌를 담그려면 5월에 수확되는 난지마늘로 담그는 것이 좋다.

조리 포인트 생마늘의 강한 맛은 위를 자극하므로 익혀 먹는 것이 좋다. 식초에 담가 먹으면 항산화 등의 효능은 생마늘과 비슷하지만 자극적인 매운맛은 줄어든다.

이렇게 보관하세요 바람이 잘 통하는 곳에서 자루에 담아둔다. 이때 마늘대를 다 자르지 말고 약간 남겨두면 좀 더 오래 보관할 수 있다.

노폐물을 배출하는 마늘조림장

정서 안정

좋은 마늘로 조림장을 만들어
각종 조림이나 고기 양념에 다른 양념을
넣지 말고 마늘조림장만으로 조리해보세요.
조린 마늘은 하나씩 먹으면 쫄깃해서
맛이 좋아요. 단, 조릴 때 약한
불로 서서히 조려야 해요.

재 료 ● 마늘 2컵, 생강 1톨, 간장 1컵, 조미술 1컵, 물 1/2컵, 조청 1/2컵

만 들 어 보 세 요

1 마늘은 껍질을 깐 뒤 윗부분의 꼭지를 자르고, 생강은 편으로 자른다.

2 분량의 간장과 조미술, 물, 마늘과 생강을 냄비에 넣고 1½컵이 될 때까지 약한 불에서 뭉근히 끓인
　다. 약 30분가량 끓이면 좋다.

3 30분 정도 약한 불에서 끓이다가 조청을 넣고 한 번 끓어오르면 불을 끈다.

4 뜨거울 때 ③의 조림장을 체에 거른다. 식으면 마늘이 조림장을 흡수하여 조림장의 양이 조금 줄어
　든다. 조린 마늘은 쫄깃해서 하나씩 먹기에 좋다.

2

4

신진대사를 촉진하는

정서
안정

흑마늘

흑마늘은 마늘의 유효 성분과
흡수율은 높으면서도 매운맛이 적어 먹기가
좋습니다. 마늘 특유의 매운맛은 줄고
단맛은 높아져 아이들도 거부감이 없이
먹는답니다. 각종 음식에 마늘 대신
사용해도 좋고, 소스 등에
이용해도 좋아요.

재 료 ● 통마늘 30개

만 들 어 보 세 요

1 마늘은 통째로 찜통에 넣고 20분가량 마늘 알이 투명하게 익도록 찐다.

2 찐 마늘을 밥통에 넣고 보온으로 이틀간 둔다.

3 마늘을 꺼내 공기가 잘 통하는 채반에 하루 정도 말린다.

4 다시 마늘을 밥솥에 넣고 5일간 보온으로 둔다. 완성되면 알만 발라서 냉동실에 두고 먹는다.

T I P 흑마늘은 햇마늘보다 묵은 마늘이 수분이 없어 더 잘 만들어진다. 마늘을 찜통에 찔 때는 속까지 잘 익히는 게 중요하다. 흑마늘을 만든 보온밥솥은 마늘의 냄새가 한동안 스며 있어서 밥을 하기에는 좋지 않을 수 있으므로 안 쓰는 밥솥으로 만드는 게 좋다.

이 유 있는
레 시 피

PART 6
우리 전통 간식과 홈베이킹&음료

우리 전통 간식(떡, 한과, 음료)이라고 하면 만들기 어렵지 않을까 하는 마음부터 들 수 있다. 물론, 떡을 만들 때 찹쌀가루나 멥쌀가루를 방앗간에서 미리 빻아 와야 한다는 것은 좀 번거로울 수 있다. 그러나 그 과정만 처리해서 냉동실에 보관해놓으면 필요할 때마다 꺼내서 사용하면 된다. 이 과정 외에는 생각보다 만드는 방법도 쉽고 집에서도 만들 수 있다. 그것마저 분주하다면 시판하는 찹쌀가루나 멥쌀가루를 이용해도 된다.

명절 때나 되어야 먹을 수 있는 우리 음식들을 성장기 아이들에게 만들어준다면 주문만 하면 되는 피자나 치킨 등과는 비교도 할 수 없는 건강하고 풍요로운 식생활을 할 수 있을 것이다. 무엇보다도 우리 전통 간식은 트랜스 지방이나 쇼트닝, 다량의 설탕, 식품 알레르기 등의 걱정이 없는 건강한 간식이기 때문이다.

알려 드려요

우리 전통 간식에서 떡 등의 재료에 나오는 멥쌀가루와 찹쌀가루는 마트에서 판매하는 것보다 집에서 쌀을 불려 방앗간에 가져가 만드는 것이 좋다. 찹쌀이나 멥쌀을 5시간 정도 불려 방앗간에 가지고 가면 소금을 알맞게 넣어 가루로 내준다. 보통 떡은 5컵 정도씩 만드는 것이 좋은데 가루를 만들어 와서 5컵씩 나누어 냉동실에 보관하면 언제나 편리하게 떡을 만들 수 있다. 냉동실에 있던 쌀가루를 이용할 경우 물을 조금 더 넣으면 잘 익는다. 마트에서 파는 쌀가루를 이용할 때는 쌀가루에 물을 많이 넣어야만 떡이 잘 익는다.

5대 영양소가 균형 잡힌
궁중떡볶이

떡에 불고기를 넣고 볶아서 만든
궁중떡볶이, 정월에 떡에 여러 채소를
섞어 잡채처럼 만들어 떡잡채라고도
하지요. 담백한 맛에 각종 채소가 들어가
떡볶이 한 그릇이면 밥 한 그릇보다 더
든든하면서도 영양이
풍부하답니다.

재 료 ● 흰떡 200g, 쇠고기(불고깃감) 100g, 각색 파프리카 ½개씩, 양배추 잎 2장, 호박오가리 5장 , 참나물 약간
떡 양념 간장 0.5, 참기름 0.3　**무침 양념** 참기름 1, 간장 0.5
고기 양념 간장 1, 설탕 0.5, 다진 마늘 0.3, 다진 파 0.5, 깨소금 0.3, 참기름 1, 후춧가루 약간
★ 재료중 파프리카, 양배추, 호박오가리 등은 집에 있는 양파, 피망 등 각종 채소류로 변경 가능

만 들 어 보 세 요

1 흰떡은 끓는 물에 말랑하게 삶은 뒤 건져 떡 양념을 넣고 버무린다.
2 호박오가리는 불려서 말끔히 씻은 후 채 썬다. 파프리카와 양배추는 떡 크기와 비슷하게 자른다.
3 쇠고기는 채 썰어 고기 양념으로 버무린 뒤 달군 팬에 볶다가 양파와 호박오가리를 넣고 맛이 배도록 볶는다.
　③에 떡과 물 3큰술을 넣고 불을 줄이면서 볶는다.
4 떡에 간이 배면 나머지 채소들을 모두 넣고　　　　을 넣어 볶은 후 채소가 숨이 죽으면 그릇에 담는다.
5　　　　　　　　　　　　　　무침 양념

전통
간식

산성화된 체질을 개선하는
쑥갠떡

쑥을 쌀과 함께 섞어 만든
쑥갠떡은 쑥이 들어가 쌀가루로만
떡을 했을 때와 달리 매우 쫄깃한 맛을
내지요. 쑥이 들어가면 영양도 좋지만
잘 굳지도 않는답니다. 은근히
아이들이 좋아하는 떡이에요.

재 료 ● 멥쌀가루 3컵, 쑥 100g, 설탕 1, 끓는 물 1/2컵, 참기름 0.3, 잣 약간(생략 가능)

만 들 어 보 세 요

1 쑥은 잎만 떼어 소금을 약간 넣고 데친 뒤 찬물에 헹궈 물기를 꼭 짠다.
2 미리 방앗간에서 빻아온 멥쌀가루를 준비한다(또는 시판 멥쌀가루를 준비한다).
　②의 가루에 설탕을 섞고 끓는 물을 넣어 익반죽한다. 오랫동안 치대어 반죽할수록 더 쫄깃거린다.
3 반죽을 알맞은 크기로 떼어 둥글납작하게 모양을 내거나 틀에 찍어낸다.
4 김이 오른 찜통에 ④를 15~20분 정도 찐 뒤 참기름을 살짝 바르고 잣으로 모양을 낸다.
5

T I P 쑥은 제철일 때 한꺼번에 많이 삶아서 한 번 먹을 만큼씩 나눠 냉동실에 보관해두면 사용하기 편리하다.

쑥은 쌀과 찰떡궁합
쑥은 우리 조상들이 오래전부터 식용해온 약초이자 식재료다. 칼슘과 철분의 함량이 높아 쌀과 같이 떡으로 해 먹으면 쌀의 산성을 중화하고 영양적인 보완을 할 뿐만 아니라 고운 빛깔과 향미가 식욕을 돋우는 역할을 한다.

2-1

2-2

4-1

항산화 효과가 뛰어난 자색 고구마로 만든
송편

재 료 ● 멥쌀가루 2컵, 발아 현미가루 2컵, 자색 고구마 1/2개(또는 단호박), 밤 5개(또는 깨), 참기름 약간

만 들 어 보 세 요

1 미리 방앗간에서 빻아온 멥쌀쌀가루, 발아 현미가루를 준비한다(또는 시판 가루를 준비한다).
2 자색 고구마는 껍질째 푹 찐 후 껍질을 벗긴다. 찐 고구마가 뜨거울 때 으깨어 ①의 멥쌀가루와 섞은 다음 끓는 물을 나누어 넣으면서 귓불 정도 질감으로 부드럽게 많이 치대어 익반죽한다. 발아 현미 쌀가루도 끓는물로 익반죽한다.
3 밤은 껍질을 벗겨 잘게 썬다.
4 ②의 반죽을 밤알만 한 크기로 떼어 둥글게 빚어 가운데를 판 뒤 잘게 썬 밤을 넣고 잘 오무려 둥글게 한 다음 가운데를 눌러 하트 모양을 만든다.
5 ④의 송편을 20분 정도 찐 후 참기름을 바른다.

T I P 반죽은 오래 치댈수록 쫄깃한 맛이 난다. 아이들은 좋아하지 않는 음식이라도 아기자기하고 예쁜 모양이라면 선호한다. 같은 송편이라도 모양을 다르게 해보거나 조금 서툴더라도 아이와 같이 반죽하면서 음식 만들기 놀이를 하며 만들어보자. 오감 발달에 도움이 된다.

4-2

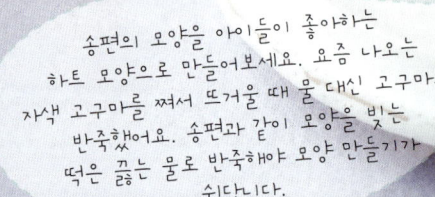

송편의 모양을 아이들이 좋아하는
하트 모양으로 만들어보세요. 요즘 나오는
자색 고구마를 쪄서 뜨거울 때 물 대신 고구마로
반죽했어요. 송편과 같이 모양을 빚는
떡은 끓는 물로 반죽해야 모양 만들기가
쉽답니다.

소화기를 튼튼하게 하는
전통 간식
토란병

토란은 알칼리성 식품으로 위와 장의
운동을 원활하게 해 소화를 촉진하지요.
그러나 토란은 먹기가 쉽지 않잖아요.
토란을 고구마처럼 쪄서 뜨거울 때
찹쌀가루와 반죽해 지져보세요. 토란의
순순한 맛을 느낄 수 있답니다.

재 료 ● 토란 300g, 찹쌀가루 2컵, 검은깨 1, 참기름 1, 식용유 1, 꿀 2(또는 설탕) , 소금 약간
★ 재료중 토란 대신 고구마로 응용 가능

만 들 어 보 세 요
1 토란은 깨끗이 씻어 푹 무르게 삶은 뒤 껍질을 벗겨 으깬다.
2 으깬 토란이 뜨거울 때 찹쌀가루와 소금을 넣고 섞어 치대면서 반죽한다.
3 ②의 반죽을 균일하게 잘라서 지름 4~5cm 크기로 둥글납작하게 빚는다.
4 달군 팬에 참기름과 식용유를 같은 양으로 섞어 두른 다음 ③의 반죽을 놓고 위에 검은깨를 얹어
   앞뒤로 노릇하게 지진다.
5 접시에 꿀이나 설탕을 약간 뿌린 뒤 지진 토란병을 올려 낸다.

T I P 뜨거운 토란병은 찹쌀이 들어가 그릇에 놓으면 달라붙기 쉽다. 이때는 기름을 바르는 것보다 꿀이나 설탕을 접시에
약간 뿌리고 토란병을 올려두면 붙지도 않고 윤기가 나면서 맛도 좋아진다.

1

2

3

4

전통
간식

하나만 먹어도 든든한
호박콩꿀떡

아이들은 콩을
잘 안 먹으려고 하지요.
콩을 달콤하게 조려 호박과 함께
섞어 떡을 만들어보세요. 맛도 색도
좋아 아주 잘 먹는답니다.

1 2 4-1
4-2 4-3 5-1 5-2

재 료 ● 단호박 1/6통, 찹쌀가루 5컵, 설탕 5, 물 2, 꿀 약간
콩조림 검은콩 1컵, 조청 3, 소금 약간, 물 1컵

만 들 어 보 세 요
1 단호박은 도톰하게 썰어 설탕 2를 뿌려서 1시간 정도 재워놓는다.
2 검은콩은 5시간 정도 물에 불린 뒤 냄비에 물 1컵과 함께 넣고 10분간 삶는다. 콩이 익으면 조청
  과 소금을 넣어 조려 콩조림을 만든다.
3 미리 방앗간에서 빻아 온 찹쌀가루를 준비한다(또는 시판 찹쌀가루를 준비한다).
4 ③에 물 2를 넣고 손으로 비빈 뒤 찹쌀가루에 물이 잘 섞이도록 체에 내린 다음 설탕 3을 넣어
  골고루 섞는다.
5 찜기에 ②의 콩조림을 깔고 ④의 찹쌀가루를 넣은 후 ①의 단호박을 올려 30분간 찐다. 떡을 꺼
  내 한 김 식힌 뒤 접시에 꿀을 뿌린 후 올려 낸다.

T I P 떡을 만드는 쌀가루는 마트에서 판매하는 것보다 집에서 쌀을 불려 방앗간에서 만드는 것이 좋다. 보통 찹쌀을
5시간 정도 불려 방앗간에 가지고 가면 소금을 알맞게 넣어 가루를 내준다. 보통 떡은 5컵 정도씩 만드는 것이 좋은데 가루
를 만들어 와서 5컵씩 나누어 냉동실에 보관하면 언제나 편리하게 떡을 만들 수 있다. 냉동실에 있던 쌀가루는 물을 조금
더 넣으면 잘 익는다. 마트에서 파는 쌀가루를 이용할 때는 쌀가루에 물을 많이 주어야만 떡이 익는다.

신경 안정 효과가 뛰어난 대추로 만든
대추컵설기

대추는 아이들이
그다지 좋아하지 않지요.
그런데 대추로 케이크를 만들어보세요.
감쪽같이 맛있게 먹는답니다.
대추를 끓여 과육만 내린 후 멥쌀가루에
섞어 떡을 만들면 색도 좋지만 아이들
정서 안정에도 좋아요.

재 료 ● 멥쌀가루 400g, 삶은 대추 과육 1/2컵(또는 찐 단호박), 설탕 1/4컵

고명 밤 2개, 대추 4개, 석이버섯 1장, 잣 0.3(고명은 생략 가능)

만 들 어 보 세 요

1 방앗간에서 빻아온 멥쌀가루를 준비한다(또는 시판 멥쌀가루를 준비한다).

2 대추는 잠길 정도 물을 붓고 으깨질 정도 푹 삶은 후 체에 내려 씨와 껍질을 없애고 과육만 모아 준비한다.

3 멥쌀가루에 삶아 내린 대추 과육을 넣고 잘 섞어 체에 내린 후 설탕을 섞는다.

4 밤은 껍질을 벗겨 얇게 썰어 곱게 채 썬다. 대추도 얇게 포를 떠서 곱게 채 썬다. 석이버섯은 뜨거운 물에
   불려서 깨끗이 손질한 뒤 돌돌 말아 곱게 채 썬다.

5 틀에 ③의 쌀가루를 안치고 ④의 고명을 올린 다음 김이 오른 찜통에서 20분간 찌고 5분간 뜸을 들인다.

비타민 B1이 풍부한 팥이 듬뿍 담긴
찹쌀떡

시판용 찹쌀떡은 한 달을
두어도 상하지 않아요. 왜냐하면
당분의 함량이 높아서예요. 찹쌀을
쪄서 차지게 친 후 팥앙금을 넣어 찹쌀
떡을 만들어보세요. 어렵지 않으면서도
맛좋은 건강 간식이 된답니다. 아이와
함께 찹쌀~떡~ 메밀~묵~ 하면서
함께 만들어보세요.

재 료 ● 찹쌀가루 5컵, 물 3, 설탕 4, 녹말 1/2컵,
팥앙금 붉은팥 2컵, 물엿 1/3컵. 설탕 1/2컵, 소금 약간(또는 시판 앙금)

만 들 어 보 세 요

1 방앗간에서 빻아온 찹쌀가루를 준비한다(또는 시판 찹쌀가루를 준비한다).

2 ①에 물과 설탕을 섞어 체에 내린 다음 찜통에 젖은 면포를 깔고 쌀가루를 안친다.
가루 위로 김이 고루 오르면 30분 정도 충분히 찐 후 꺼내 볼에 넣고 방망이로
쳐서 한 덩어리가 되도록 한다.

3 납작한 쟁반에 소금물을 바르고 ②의 떡을 평평하게 1cm 두께로 펴서 식힌다.

4 팥앙금은 붉은팥 2컵을 물을 넣고 삶아 방망이로 으깬 후 소금 약간, 설탕 1/2컵,
물엿 1/3컵을 넣어 조려서 식힌 다음 지름 2cm 정도의 원형으로 소를 만든다.

5 ③의 찹쌀떡 덩어리를 지름 4cm로 빚은 후 가운데에 앙금을 넣고 오므려
둥글게 만든 다음 녹말을 무친다.

기관지를 튼튼하게
단호박떡케이크

아이들 생일날 케이크를
대신할 수 있는 우리나라식 떡케이크예요.
단호박 대신 딸기를 넣으면
딸기케이크가 되지요.
이젠 아이들 생일날 떡케이크를
준비해주세요.

재 료 ● 멥쌀가루 5컵, 단호박 1/8통(150g), 설탕 5
녹두 고물 녹두 3/4컵, 소금 0.2
고명 단호박정과 · 호박씨(고명은 생략 가능)

만 들 어 보 세 요

1 방앗간에서 빻아온 멥쌀가루를 준비한다(또는 시판 멥쌀가루를 준비한다).
2 찐 단호박에 ①의 쌀가루를 넣고 잘 섞어 체에 내린 후 설탕 4를 섞는다.
3 단호박은 반으로 나눠 하나는 푹 찌고, 나머지 반은 껍질을 벗겨 씨를 제거한 뒤 납작하게 썬 후 설탕
  1을 넣어 섞는다.
4 녹두를 충분히 불려서 껍질을 벗긴 후 물기를 뺀다. 찜통에 면포를 깔고 녹두를 안친 뒤 푹 무르게
  찐다. 익은 녹두를 큰 그릇에 쏟아 소금을 넣어 대강 찧은 뒤 체에 내려 녹두 고물을 만든다.
5 찜통에 젖은 면포를 깔고 녹두 고물을 넉넉히 고르게 편 후 준비된 ②의 쌀가루, ③의 썬 호박, 고물의
  순서로 켜켜이 안친다.
6 가루 위로 김이 골고루 오르면 뚜껑을 덮어 20분간 찐 후 불을 줄여 5분간 뜸 들인다.
7 단호박정과와 호박씨로 장식한다.

267

생강과 막걸리가 소화를 돕는
개성주악

고려의 수도였던 개성 지방에서
유명한 떡이었어요. 지금의 찹쌀도넛과
같은 모양이에요. 찹쌀가루에 밀가루를
섞어 막걸리를 넣고 반죽하면
둥글게 부푼답니다.

재 료 ● 찹쌀가루 5컵, 우리 밀가루 1/2컵, 설탕 1/2컵, 막걸리 1/2컵, 끓는 물 2~3, 튀김기름 3컵, 대추 1개
조청 시럽 조청 1컵(290g), 물 1/2컵, 생강 1톨(또는 꿀)
고명 대추 1개, 무정과 약간(고명은 생략 가능)

만 들 어 보 세 요

1 방앗간에서 빻아온 찹쌀가루를 준비한다(또는 시판 찹쌀가루를 준비한다).
2 찹쌀가루와 밀가루를 골고루 섞어 중간 체에 내린 뒤 설탕을 섞는다. 가루에 막걸리를 넣어 버물버물 섞은
   후 끓는 물을 넣어 끈기가 나도록 오래 치대어 반죽한다.
3 반죽을 떼어내어 지름 3cm, 두께 1cm로 빚어 가운데 부분의 위아래를 눌러 모양을 잡는다.
4 180℃ 기름에 서로 붙지 않도록 넣어 노릇하게 튀긴다. 온도를 150℃로 낮춰 속까지 익도록 튀긴다.
5 조청에 물과 저민 생강을 넣고 거품이 날 때까지 끓여 식혀 조청 시럽을 만든다.
6 기름 뺀 ④를 ⑤에 담갔다가 건져 작게 자른 대추나 무정과로 장식한다.

 전통
간식 · 발효시켜 만들어
소화가 잘되는
증편

증편은 막걸리로 발효하여
만든 떡 인데요, 발효 과정을 거치기
때문에 소화가 잘되고 스펀지
케이크 같은 질감이 있어 씹는 맛도
아주 좋은 인기 만점 떡이랍니다.

재 료 ● 멥쌀가루 5컵, 물 3/4컵, 생막걸리 3/4컵, 설탕 1/2컵
고명 검은깨, 석이버섯 1장, 대추 1개, 식용 꽃잎 약간(고명은 생략 가능)

만 들 어 보 세 요

1 방앗간에서 빻아온 멥쌀가루를 준비한다(또는 시판 멥쌀가루를 준비한다).

2 물을 50℃ 정도로 데워 설탕과 막걸리를 섞은 후 고운 체에 내린 ①의 쌀가루를 넣어 멍울 없이 고루 섞고 비닐랩을 씌운다.

3 반죽을 따뜻한 곳(30~35℃)에서 4시간 동안 발효시킨 후 1차 발효된 반죽을 잘 섞어 공기를 빼고 다시 비닐랩을 씌워 2시간 동안 발효시킨다. 2차 발효된 반죽을 잘 섞어 공기를 빼고 1시간 더 발효시킨다.

4 발효된 반죽을 잘 치대 공기를 뺀 뒤 기름 칠 한 쟁반이나 틀에 70~80% 정도 붓고 고명을 올린다.

5 김 오른 찜통에 올려 약한 불에서 5분, 센 불에서 10분, 불 끄고 5분간 뜸 들인 후 꺼내어 식용유를 바른다.

T I P 색증편으로 할 경우 분홍색은 딸기 시럽을, 녹색은 쑥가루를 섞기도 한다.

다양한 고물로 맛과 영양이 풍부한
오색경단

경단은 찹쌀가루를 반죽하여
끓는 물에 삶아 여러 고물만
묻히면 되는 간단한 떡이지요.
삶을 때 물에 떠오른 후 1~2분 정도
더 삶아야 속까지 잘 익는답니다.

재 료 ● 찹쌀가루 4컵, 끓는 물 8, 팥앙금 1/4컵(265P 참조 또는 생략 가능)

고물 참깨 1/2컵, 푸른콩 1/2컵, 흑임자 1/2컵, 카스텔라(딸기맛, 보통) 1/4개(고물은 선택 가능)

만 들 어 보 세 요

1 방앗간에서 빻아온 찹쌀가루를 준비한다(또는 시판 찹쌀가루를 준비한다).

2 찹쌀가루에 끓는 물을 넣어 질감이 부드러워지도록 많이 치댄다. 반죽을 길게 밀어 한입 크기 정도로 자른 뒤 속에 팥앙금을 넣고 둥글게 빚는다.

3 고물을 만든다. ① 푸른콩은 상한 콩을 골라낸 후 재빨리 씻어 일어 건져 김 오른 찜통에 8~10분간 쪄서 타지 않게 볶는다. 식힌 뒤 소금간 하여 믹서에 갈아 고운 체에 내린다. ② 흑임자와 참깨는 씻어 일어 물기를 뺀 후 볶아 식힌다. ③ 카스텔라는 누런 부분은 떼어내고 체에 내려 고물을 만든다.

4 끓는 소금물에 ②의 경단을 넣어 익어서 위에 뜨면 약간 뜸을 들인다. 뜸을 들여 익으면 건져 냉수에 급히 헹구어 물기를 뺀다. 각각의 고물에 경단을 굴린다.

전통
간식

오미자의 새콤함이 피로 해소를 돕는
오미자편

서양에 젤라틴으로 만든 젤리가
있다면 우리나라에는 전분으로 만든
오미자편이 있어요. 녹두 전분으로 과일
묵을 만든 것인데 하늘거리는 느낌과 오미자의
아름다운 색이 일품이랍니다. 아이들도
신기해하며 잘 먹어요.

재 료 ● 오미자 우린 물 4컵(오미자 1/2컵, 물 4컵), 밤 5개, 설탕 1컵, 소금 약간, 꿀 2
녹두물 녹두가루 7(또는 옥수수 전분), 물 7

만 들 어 보 세 요

1 오미자는 물에 씻어서 찬물 4컵을 부어 하루 동안 우려낸 뒤 면포에 밭친다.

2 녹두 가루를 동량의 물에 풀어 녹두물을 만든다.

3 밤은 껍질을 벗겨 두툼하게 저민다.

4 냄비에 ①의 오미자 우린 물과 ②의 녹두물, 설탕, 소금을 넣어 고루 섞어 나무 주걱으로 저으면서
약한 불에 25분 정도 끓여 말갛게 익힌다.

5 농도가 되직해지면 꿀을 넣어서 잠시 더 끓인다.

6 틀에 물을 바르고 쏟아 부어 굳으면 썰어서 밤과 함께 담는다.

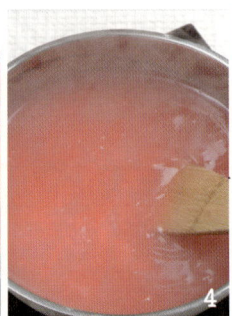

전통
간식

머리를 좋게 하는
호두강정

재 료 ● 호두 120g, 물 1컵, 설탕 60g, 소금 약간, 꿀 1, 튀김기름 적당량

만들어보세요

1 호두는 뜨거운 물에 10분 정도 담가두어 쓴맛을 우려낸다.

2 냄비에 호두, 물, 설탕, 소금을 넣고 조린다.

3 불을 약하게 하여 끓여 물이 반 정도로 줄면 꿀을 넣어 윤기 나게 조린다.

4 시럽이 3숟가락 정도 남으면 체에 밭쳐 여분의 시럽을 제거한다.

5 조린 호두를 140℃의 기름에 갈색이 나게 튀긴다.

호두를 달콤하게 졸인 후 저온에서 은근하게 튀긴 호두는 바삭한 맛이 일품이지요. 달콤하게 조렸기 때문에 튀기는 온도가 높으면 타버리기 쉬우므로 주의해야 한답니다.

밤 한 알에 영양소가 골고루
율란

영양이 풍부한
밤을 꿀과 반죽하여 다시 밤 모양으로
빚은 율란은 우리나라 전통 한과로
아이의 간식으로 손색이 없습니다.

재 료 ● 밤 10개(밤 고물 1컵), 꿀 2, 계핏가루(또는 잣가루) 0.1

만 들 어 보 세 요

1 냄비에 물을 부어 끓기 시작하면 씻은 밤을 넣고 15분 정도 삶는다. 물을 따라내고 불을 약하게 하여 3분 정도 뜸을 들인다.

2 밤이 충분히 무르게 익으면 껍질째 반으로 갈라 작은 숟가락으로 속을 판다. 뜨거울 때 밤 속을 체에 내려서 보슬보슬한 고물을 만든다.

3 밤 고물에 꿀과 계핏가루를 넣어 고루 섞는다. 한데 뭉쳐지도록 반죽을 한 덩어리로 만든다.

4 ③의 밤 반죽을 밤톨처럼 빚은 뒤 한쪽 끝에 잣가루나 계핏가루를 골고루 묻혀 그릇에 담는다. 아이에게 계핏가루가 강할 것 같다면 잣가루를 묻히는 게 좋다.

T I P 밤을 삶을 때는 물기가 없이 삶아야 물기가 적어 반죽하기도 쉽고 맛도 좋다. 밤을 쪄서 체에 내린 후 한 번 먹을 양만큼씩 냉동한 후 먹을 때 꿀로 반죽하여 모양을 만들면 편리하다.

토실토실 밤 토실 이야기

밤은 당질이 풍부하고 양질의 단백질과 칼슘, 철, 칼륨 등의 무기질 등이 풍부하다. 또 우리의 주식인 밥의 소화 흡수에 꼭 필요한 비타민 B1을 쌀의 4배 이상 함유해 '토실토실 밤토실'이란 말처럼 알차게 건강을 돕는다. 어린아이의 이유식이나 몸이 약해져 입맛이 없을 때 먹으면 식욕이 나고 원기를 살려준다. 또한 밤은 비타민 C의 함량도 높아 피부 미용, 피로 해소, 감기 예방 등의 효과가 있다. 밤의 당질은 소화가 잘되며 위와 장을 튼튼하게 하기 때문에 조금씩 꾸준히 섭취하면 소화 기능을 촉진한다. 밤은 다른 전분 음식과 달리 생으로 먹어도 소화 흡수가 잘되어 생밤으로 먹어도 좋고, 익혀 먹어도 영양소가 파괴되지 않는다.

전통
간식

화학 첨가물이 없어 더욱 건강한
약과

어찌나 맛이 있고 귀한
음식이었는지 고려시대와 조선시대에는
금지령을 내릴 정도로 인기가 좋았던
과자지요. 반죽을 할 때 너무 치대지
말아야 부드러운 약과가 된답니다

재 료 ● 우리 밀가루 200g, 소금·후춧가루 약간씩, 참기름 4, 꿀 4(또는 올리고당), 소주 3½
조청 시럽 조청 2컵, 물 1/2컵, 생강 1톨

만 들 어 보 세 요

1 밀가루에 소금과 후춧가루, 참기름을 넣어 고루 비벼 체에 내린다.

2 조청과 물, 저민 생강을 섞어 약한 불에서 5분간 끓인 뒤 식혀 조청 시럽을 만든다.

3 분량의 꿀과 소주를 섞어 ①, ②와 합한 뒤 치대어 가루가 보이지 않도록 섞어서 한 덩어리를 만든다.

4 반죽을 반으로 잘라 겹쳐 눌러 한 덩어리를 만들고 다시 잘라 겹치기를 2~3차례 반복한다. 반죽을
0.8cm 두께로 밀어 사방 3.5~4cm로 잘라 가운데에 칼집을 넣거나 포크로 찔러 튀길 때 속까지 잘
익도록 한다.

5 90~100℃ 기름에 넣어 위로 떠올라 켜가 일어나도록 튀긴다. 온도를 140~160℃로 올려 갈색이 나도
록 좀 더 튀겨 건진다.

6 튀겨낸 약과를 조청 시럽에 30분가량 담근 후 건져 개별 포장한다.

T I P 약과에 소주와 후춧가루가 들어간다. 약과는 고려시대부터 우리나라를 대표하는 과자였는데, 특히 우리나라에서는
후춧가루가 중국을 통해 수입되어 그 가격이 금값과도 같았다. 크게 맛에 영향을 미치지는 않지만 금가루처럼 귀한 후춧가루
는 물론 소주 역시 고려시대부터 양반들이나 먹을 수 있던 귀한 음식이었다. 소주는 부풀리는 작용을 하는 것으로 튀기는
과정 중 다 날아가기 때문에 넣어도 아이들에게는 영향이 없다.

장을 건강하게 하는 펙틴이 풍부한
사과정과

가을철 신맛이 강한
사과를 쪄서 말려 만든
사과정과는 색이 곱고 맛이 좋아
입맛을 살린답니다.

재 료 ● 사과(홍옥) 1개, 설탕 1/2컵

만 들 어 보 세 요

1 사과는 껍질째 깨끗이 씻어 씨 부분을 빼고 0.2~0.3cm 두께의 반달 모양으로 썬다.

2 김이 오른 찜통에 사과를 넣고 3분 정도 찐 다음 설탕 3을 뿌려 1시간가량 두어 물기를 뺀다.

3 물기가 빠진 사과 한쪽에 설탕을 넉넉히 묻힌다.

4 설탕을 바른 면을 위로 하여 채반에 널어 가끔씩 뒤집으면서 말린다. 날이 건조하고 햇빛이 좋으면 완전히 마르는 데 이틀 정도 걸린다.

T I P 정과용 사과는 색이 곱고 신맛이 강한 홍옥이 좋다. 사과정과는 찔 때 사과 속까지 잘 익도록 센 불에서 단시간 쪄야 한다. 속까지 익지 않으면 말리는 과정에서 갈변해버린다.

 전통 간식

비타민과 미네랄이 풍부한
연근정과

연근을 데쳐 설탕을 넣고
조려 만든 전통 과자예요. 연근 대신
도라지, 더덕, 무 등으로 만들어도
된답니다. 정과를 만들 때는 은근한 불에
천천히 조려야 투명하고 맛이 좋은
정과가 된답니다.

재 료 ● 연근 200g, 설탕 2/3컵(100g), 소금 약간 , 꿀 3

만 들 어 보 세 요

1 연근은 지름 4cm 정도의 가는 것으로 골라서 껍질을 벗겨 0.5cm 정도의 두께로 얇게 자른다.

2 끓는 물에 식초를 넣고 ①의 연근을 넣어 1분 정도 데친 뒤 찬물에 헹군다.

3 냄비에 연근, 설탕, 소금을 넣고 연근이 잠길 정도의 물을 부은 다음 중약 불에서 30분 정도 조린다.

4 물이 반 정도 졸아들면 꿀을 넣고 투명해질 때까지 서서히 조린다.

5 시럽이 3~4숟가락 정도 남으면 꺼내어 망에 밭쳐 여분의 시럽을 뺀 후 설탕을 바른다. 체에 올려
   한나절 정도 말린 후 공기가 통하지 않도록 보관한다.

면역력을 높이는 율무가 듬뿍
간단 율무유과

면역력에 좋은 율무를
아이들에게 먹일 수 있고,
자꾸만 손이 가는
맛있는 간식입니다.

재 료 ● 튀긴 율무 5컵(또는 현미나 쌀 튀긴 것), 뻥과자 10장 **시럽** 조청 1컵, 설탕 1

만 들 어 보 세 요

1 율무 튀긴 것을 준비한다.

2 조청과 설탕을 섞어 팬에 넣고 끓으면 불을 가장 약하게 하여 설탕을 녹여 시럽을 만든다.

3 뜨거운 시럽에 뻥과자를 넣어 시럽을 골고루 입힌다. 시럽이 매우 뜨거우니 긴 집게로 잡고 조심해
  서 입힌다.

4 튀긴 율무에 뻥과자를 넣어 율무를 골고루 입힌다. 식으면 포장 용기에 담아 밀봉한다.

T I P 율무는 다른 곡류보다 매우 구수한 맛이 나는데 이는 율무에 여러 종류의 지방질과 단백질이 들어 있기 때문이다.
율무는 또한 플라보노이드, 비타민 E와 같은 항산화 물질이 풍부해 위와 장을 튼튼하게 하고 면역력을 높인다.

전통 간식 · 피로 해소 효과가 있는
곶감쌈

호두는 어른이나 아이들
모두에게 좋은 식재료지요. 아이에게 호두만
주지 말고, 호두를 곶감에 말아서 곶감쌈을
만들어 줘보세요. 곶감의 단맛과 호두의
고소하면서 쌉쌀한 맛이
잘 어울려 무척 좋아한답니다.

재료 ● 주머니 곶감 2개, 호두 4개, 조청 약간

만 들 어 보 세 요

1 곶감은 꼭지를 떼고 넓게 편 후 씨를 빼낸다.

2 호두는 딱딱한 가운데 심을 빼고 물엿을 발라 원래 모양대로 붙인다.

3 씨를 뺀 곶감을 편 뒤 손질한 호두를 씨 뺀 자리에 놓고 단단하게 돌돌 만다.

4 비닐랩을 감아 모양을 고정한 후 냉동실에 넣었다가 0.8~1cm 두께로 썬 다음 비닐랩을 벗긴다.

T I P 감의 주성분은 당질로 포도당과 과당으로 이루어져 흡수가 잘되므로 아이들의 에너지원으로 좋다. 감은 예부터 숙취
에 좋은 것으로 알려졌는데 이것은 풍부한 칼륨의 이뇨 작용 덕분이다. 특히 비타민 C가 풍부하며 쌉쌀한 맛을 내는 타닌은
혈관을 탄력 있고 강하게 하는 효과가 있어서 모세혈관을 강화시켜 순환기 계통 질환을 예방한다. 곶감은 과거에 여름철 설
사 특효약으로도 많이 활용되었다.

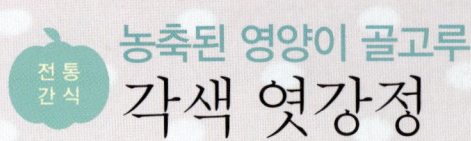

전통간식

농축된 영양이 골고루
각색 엿강정

아이들에게 견과류를
듬뿍 먹일 수 있는 영양 만점
우리 전통 간식이예요.
아이들이 하나씩 집어 먹기에도 좋고
선물용으로도 좋아요.

재 료 ● 흰깨 1컵, 검은깨 1컵, 땅콩 1컵, 호박씨 1컵, 대추 3개, 식용유 약간

시럽 물엿 1/2컵, 설탕 1/2컵, 물 1, 소금 약간

만 들 어 보 세 요

1 흰깨는 씻어서 일어 물에 1시간 이상 불린다. 손으로 비비면 껍질이 벗겨지는데 위에 뜨는 껍질을 버리고
  남은 깨는 체에 밭쳐 물기를 뺀 후 팬에 타지 않도록 볶는다.

2 검은깨는 씻어 일어서 체에 밭여 물기를 뺀 후 팬에 타지 않도록 볶는다.

3 땅콩과 호박씨는 굵게 다진다. 대추는 씨를 바른 후 돌돌 말아 꽃 모양으로 썰어놓는다.

4 냄비에 물엿, 설탕, 물, 소금을 섞어 넣고 설탕 입자가 녹을 정도로 1~2분간 끓여 시럽을 만든다.

5 팬에 흰깨를 담고 따뜻하게 볶다가 시럽 3~4큰술을 넣고 약한 불에서 실이 많이 보일 때까지 버무린다.
  다른 재료도 각각 볶다가 시럽을 넣어 버무린다.

6 비닐을 펼치고 식용유를 바른 뒤 대추 썬 것을 뿌린다. 버무린 깨가 식기 전에 비닐에 쏟아 밀대로 얇게
  편 다음 딱딱하게 굳기 전에 칼로 자른다.

T I P 깨강정은 만든 후 밀봉하여 두어야 눅눅해지지 않아 바삭하게 먹을 수 있다. 엿강정 시럽은 계절에 따라 다르게 한다. 겨울
철에는 엿강정을 만들면 쉽게 굳기 때문에 물엿 1컵에 설탕 2/3컵, 여름철에는 물엿 1컵에 설탕 1컵을 섞어 시럽을 만든다.

오메가-3 지방산의 보고
들깨송이부각

들깨송이는 들깨가 여물어
수확하기 전에 송이째 딴 것으로 섬유소를
풍부하게 함유하고 있어요. 단백질, 지방,
탄수화물, 무기질, 비타민 등 각종 영양 성분도
들어 있고요. 튀기면 들깻잎에 포함된
카로틴의 흡수를 돕는답니다.

재 료 ● 들깨송이 30개, 설탕 1, 식용유 적당량 **찹쌀풀** 찹쌀가루 1컵, 물 2컵,

만 들 어 보 세 요

1 가을에 파랗게 알이 맺힌 들깨송이를 골라 씻은 후 물기를 뺀다.

2 냄비에 찹쌀가루와 물을 담고 휘휘 저으면서 중간 불에서 되직하게 풀을 쑨다.

3 ②의 찹쌀풀이 식으면 들깨송이에 바른 뒤 줄에 걸어 바짝 말린다.

4 말린 들깨송이는 170℃로 달군 기름에 재빨리 튀겨 식기 전에 설탕을 약간 뿌린다.

T I P 사흘 정도면 들깨송이가 바짝 마른다. 말린 들깨송이는 지퍼 백에 밀봉해 보관한 후 필요할 때 꺼내 기름에 튀기면 된다.

1   2   3-1   3-2   4

전통
간식

궁중 잔치에서 빠지지 않은 귀한 음료
배숙

배를 생강 끓인 물에 넣고
만든 전통음료를 겨울철에 마시면
감기 걱정이 없지요. 배는 아이들이
좋아하는 꽃 모양으로 만들어주어도
좋아요. 통후추는 아이들이
싫어하면 빼세요.

재 료 ● 배 1/4개, 생강 3톨(30g), 물 7컵, 통후추 1/2(생략 가능), 설탕 1/2컵, 잣 0.3

만들어보세요

1 생강은 껍질을 벗겨서 얇게 저민 후 분량의 물을 부어 은근한 불에서 서서
　히 30분 정도 끓여 면포에 거른다.

2 배는 길이로 6등분 또는 8등분하여 껍질을 벗긴다. 큰 것은 삼각지게 썰어
　서 각을 조금씩 다듬은 뒤 등쪽에 통후추를 3개씩 박는다.

3 끓인 생강 물에 통후추를 박은 배와 설탕을 넣고 불에 올려서 끓인다.

4 10분 정도 끓여 배가 투명하게 익으면 차게 식혀 그릇에 담고 잣을 서너
　알 띄운다.

감기를 예방하는 천연 상비약
대추생강차&배도라지차

아이가 기침을 할 때 병원에서
처방해주는 약의 주성분이 도라지에서 추출한
것이라고 합니다. 아이들이 기침을 하면
우리 집에서는 배도라지차를 끓이는데요,
아이들이 어릴 때부터 먹여왔던
자연 상비약이랍니다.

겨울철 아이가
감기 기운이 있을 때
생강과 대추를 넣고 끓여 먹여보세요.
감기를 이기는 데 큰 도움이 될 거예요.

대추생강차

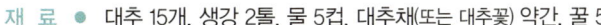

재 료 ● 대추 15개, 생강 2톨, 물 5컵, 대추채(또는 대추꽃) 약간, 꿀 5

만 들 어 보 세 요

1 대추는 물로 씻은 뒤 잘 우러나도록 군데군데 칼집을 내고, 생강은 껍질을 벗겨 얇게 편으로 썬다.
2 냄비에 물, 대추, 생강을 넣고 약한 불에서 뭉근히 끓인다. 대추 맛이 우러나면 꿀을 넣고 끓인다.
3 ②를 찻잔에 담고 대추채나 대추꽃을 띄운다.

T I P 한방에서 약으로 사용되어온 생강은 위를 보호하는 효과가 있어 소화 장애, 설사, 구토 등에 효과가 있고, 혈액순환을 촉진하며 해열 작용을 한다. 대추는 스트레스를 낮추고 신경을 안정시키는 효과도 있다 그러나 생강은 맛이 강해 아이들이 먹기는 쉽지 않다. 하지만 대추와 함께 끓이면 대추의 단맛이 생강의 향을 부드럽게 하여 맛이 잘 어울린다. 대추생강차를 끓일 때 대추는 꼭 칼집을 낸 후 끓여야 맛이 쉽게 우러나 끓이는 시간을 줄일 수 있다.

2

배도라지차

재 료 ● 배 1개, 도라지 3뿌리, 은행 10알, 물 5컵, 꿀 약간

만 들 어 보 세 요

1 배는 껍질째 깨끗이 씻어 4등분한 후 씨 부분을 도려낸다.
2 도라지는 껍질째 깨끗이 비벼 씻은 후 긴 것은 반으로 자른다.
3 은행은 겉껍질은 까고 속껍질은 남아 있도록 한다.
4 유리 그릇에 배와 도라지, 은행을 넣고 물을 부어 약한 불에서 30분 이상 끓여 마신다. 먹을 땐 꿀을 조금 섞어도 좋다.

T I P 도라지는 3년 이상 된 것이 좋다. 재래시장에서 한번에 많이 구매한 후 깨끗이 씻어 두꺼운 부분은 반으로 갈라 말려두면 오랫동안 사용할 수 있다. 도라지 특유의 쌉쌀한 맛은 사포닌이라는 성분 때문인데 사포닌은 호흡기 점막의 점액 분비량을 증가시켜 가래를 삭이는 효과가 있다. 사포닌은 껍질에 더 많이 포함되어 약으로 먹을 때는 껍질까지 쓰는 것이 좋다. 또한 도라지에는 암세포의 전이를 억제하는 이눌린과 통증을 가라앉히는 플라티코닌 등이 함유되어 있어 기침, 가래, 해열 등의 효과가 있으며 주로 거담제나 호흡기 계통의 약으로 많이 쓰인다.

4

소화를 돕는 전통음료

식혜&수정과

식사 후 한 잔의 식혜는
소화를 돕는 소화제지요.
엿기름이 한방에서는 소화를 돕는
약제로도 알려졌거든요.

생강과 계피는 모두
몸을 따뜻하게 하는 재료들입니다.
수정과는 차게 먹어도 좋지만 따뜻한
차처럼 먹어도 좋고 병에 담아 얼린 후
슬러시처럼 먹어도 별미지요.

식혜

재 료 ● 엿기름 2컵(180g), 물 15컵, 멥쌀(또는 찹쌀) 2컵, 설탕 1½컵

만 들 어 보 세 요

1 엿기름 가루를 미지근한 물 15컵에 고루 풀어 불린다. 불린 엿기름을 바락바락 주무른 뒤 고운 체에 받쳐 윗물이 맑아질 때까지 그대로 둔다.

2 엿기름의 윗물을 가만히 따르고 남은 앙금은 버린다.

3 쌀은 씻어 일어서 물에 5시간 이상 불린 다음 되직하게 고두밥을 짓는다.

4 ②의 엿기름 물을 40℃ 정도로 따끈하게 데운다. 엿기름 물을 ③의 밥에 붓고 고루 저어서 보온밥통에 담은 뒤 보온(60℃)을 눌러 6~8시간 정도 당화시킨다. 밥알을 비벼보아 미끈거리는 것이 없을 때까지 당화시킨다.

5 5~6시간 그대로 두어 밥알이 떠오르면 끓이는데 끓일 때 생기는 거품을 걷어낸다. 차게 식혀 먹는다.

수정과

재 료 ● 생강(껍질 벗긴 것) 50g, 물 12컵, 통계피 40g, 황설탕 1~1과 1/2컵, 곶감쌈 1개(생략 가능)

만 들 어 보 세 요

1 생강은 껍질을 벗겨서 얇게 저미고, 통계피는 조각을 내어 깨끗이 씻는다.

2 저민 생강에 물을 6컵을 부어 약한 불에서 25분 정도 뭉근히 끓여 고운 체에 거른다.

3 씻은 계피에 물을 6컵을 부어 40분 정도 끓여서 면포에 거른다.

4 생강과 계피 끓인 물을 합하고 설탕을 넣어 10분 정도 끓인 뒤 식힌다.

5 곶감쌈(281P 참조)을 잘라 한쪽씩 담고 수정과 물을 부어낸다.

T I P 생강은 종합 위장약이라고 부를 만큼 소화와 관련한 효능이 우수하다. 생강 특유의 향을 내는 주성분인 진저롤이 위 점막을 자극하여 위액 분비와 위장 운동도 촉진하며, 담즙 분비를 촉진하여 소화를 돕는다. 또한 장에 자극을 주어 장 운동을 도와 변비를 예방하고 장 내 이상 발효를 억제하여 대장에서 암세포 증식을 억제한다고 알려졌다. 생강에는 뇌 혈류량을 증가시키는 효능도 있어 산소와 포도당 같은 영양 물질을 공급하고 이산화탄소와 같은 노폐물을 배출한다.

전통
간식

손쉽게 마시는 천연 비타민 C
유자차&모과차

유자차를 마시다 보면 컵
아래 유자 건지만 남게 되지요.
이제 유자를 깨끗이 씻어 건지까지 간 후
설탕을 섞어 만들어보세요. 향도 좋고
만드는 법도 간단하면서
맛도 더 좋답니다.

가을철 모과는
향이 매우 좋은데 기관지를
보호하는 효과가 있어 음료 대신
끓여놓고 수시로 마시면
감기에 좋아요.

유자차

재 료 ● 유자 4개(700g), 설탕 4컵(700g)

만 들 어 보 세 요

1 유자는 깨끗이 씻어 4등분한 후 반으로 잘라서 속의 씨앗을 뺀다.

2 손질한 유자는 믹서나 핸드믹서로 곱게 간다.

3 유자와 동량의 설탕을 넣고 고루 섞은 후 통에 담아둔다. 하루 정도 지난 후부터 먹을 수 있다.

4 끓는 물에 ③의 유자를 넣고 잘 섞어 마신다.

T I P 비타민 C라고 하면 레몬을 연상하지만 유자는 그 3배의 비타민 C를 함유해 대표적인 감기 치료약으로 꼽힌다. 특히 겉껍질에는 속살보다 비타민 C가 4배 이상 더 들어 있다. 유자의 새콤한 맛을 내는 성분은 구연산과 사과산 등의 유기산이 풍부한데 특히 구연산은 피로물질인 젖산이 근육에 쌓이지 않도록 하기 때문에 피로 해소뿐만 아니라 어깨 결림 등 근육통을 예방하는 데 효과적이다. 이것이 비타민 C와 함께 우리 몸의 피로를 풀어주는 역할을 하므로 과로로 인한 감기, 몸살에 더욱 효과가 있다. 또한 유자의 신맛은 소화기관에 영향을 주어 위액의 분비를 촉진하고 식욕을 증진하는 효과도 있다.

모과차

재 료 ● 모과 2개(300g), 설탕 300g **시럽** 설탕 2/3컵, 물 2/3컵, 꿀 1(또는 물엿)

만 들 어 보 세 요

1 가을에 잘 익은 모과를 깨끗이 씻어 물기를 없앤 뒤 길이로 4등분한다. 씨 부분을 도려내 채 썰거나 납작하게 썬다.

2 모과를 동량의 설탕에 버무려 병에 눌러 담고 여분의 설탕으로 위를 덮는다.

3 냄비에 설탕과 물을 동량으로 넣고 불에 올려서 젖지 말고 끓인다. 설탕이 녹은 후에 물엿이나 꿀을 넣어 약한 불로 10분 정도 끓인 다음 식혀서 시럽을 만든다.

4 2~3일이 지나 모과가 설탕에 절여져 병 윗부분에 공간이 생기면 ③의 시럽을 병에 붓는다. 모과 조각이 위에 뜨지 않도록 하여 저장하며 1개월 후부터 먹을 수 있다.

5 ④의 모과청 3에 물 2컵 정도를 넣고 10분가량 끓인 후 차로 마신다.

T I P 모과는 껍질 부분에 향이 나는 성분이 더 많으므로 껍질째 담그는 것이 더 좋으며 백설탕을 사용하면 모과 특유의 향을 살릴 수 있다. 모과차는 유자차와는 달리 조직이 단단해서 끓인 후 마셔야 향이 더 잘 우러난다.

여름철 피로 해소에 도움을 주는
포도차 & 오미자화채

늦여름 포도가 한창일 때
포도로 차를 만들어보세요. 포도를 끓여서
만드는데 포도의 색소는 열을 받아도
잘 파괴되지 않고 체내에서 흡수를
돕는답니다.

오미자는 폐 기능을 돕고,
땀을 그치게 하며 갈증을 없애는
효과가 있지요. 특히 여름철에
좋은 음료랍니다.

포도차

재 료 ● 포도 1송이(300g), 생강 1/2톨, 물 5컵, 꿀 적당량

만 들 어 보 세 요

1 포도는 알알이 떼어 깨끗이 씻는다. 생강은 껍질을 벗겨 얇게 편으로 썬다.

2 두꺼운 솥에 포도, 생강, 물을 넣고 포도와 배 과육이 푹 무르도록 20분 정도 끓인 다음 고운 체에 받친다.

3 ②를 차게 식혔다가 기호에 따라 꿀이나 설탕을 타서 마신다.

T I P 포도의 가장 큰 특징은 효과 빠른 피로회복제라는 것. 포도의 단맛은 포도당과 과당 덕분인데 이 포도당은 체내에서 곧바로 흡수되고 바로 에너지로 사용되어 피로 해소에 효과적이다. 따라서 피곤하고 갈증 날 때 포도를 먹으면 다른 식품과는 달리 즉각 효과가 나타나기 때문에 원기 회복에 효과적이다.

오미자화채

재 료 ● 오미자 1/2컵, 물 6컵, 설탕 1컵, 배 1/8개(생략 가능)

만 들 어 보 세 요

1 오미자는 물에 씻어서 찬물 2컵을 부어 하루를 우려낸 뒤 면포에 받친다.

2 오미자 국물의 색과 신맛을 보면서 찬물 4컵을 섞은 후 설탕 1컵을 섞어 녹인다.

3 배는 얇게 저며 꽃 모양으로 찍어 설탕물에 담가 갈변을 막는다.

4 화채 그릇에 오미자 국물을 담고 꽃 모양의 배를 띄운다.

T I P 오미자를 불릴 때는 찬물에서 5시간 이상 불리는 것이 좋다. 오미자차를 빨리 만들려고 끓이거나 뜨거운 물에 우리면 쓴맛이 강해져 먹기가 어렵다.

신체 각 기관을 건강하게 하는
블루베리핫케이크

인스턴트 핫케이크 대신
박력분에 각 재료를 합해 핫케이크를
만들어보세요. 부드러운 맛이 비교가
안 된답니다. 아이들과 함께 블루베리를 넣은
생크림으로 즉석 케이크를 만들어보세요.
즐거운 시간이 될 거예요.
이때 생크림은 핫케이크가 식은 후
발라야 한답니다.

재 료 ● 밀가루 2컵, 베이킹파우더 1, 소금 약간, 달걀 2개, 설탕 1/2컵, 우유 1/2컵, 생크림 1/2컵
토핑 생크림 1컵, 냉동 블루베리 1/2컵

만 들 어 보 세 요

1 밀가루에 베이킹파우더와 소금을 섞어 체에 내린다.

2 달걀과 설탕을 섞은 후 부피가 2배 정도가 되도록 거품을 낸 다음 ①을 가볍게 섞는다.

3 우유와 생크림(1/2컵)을 섞은 후 ②의 밀가루 반죽에 섞는다.

4 키친타월에 기름을 묻쳐 달군 팬에 고루 바른 후 불을 약하게 하고 ③의 반죽을 붓는다.

5 반죽 윗면에 공기 구멍이 나면서 익기 시작하면 뒤집는다. 여러 번 뒤집지 말고 한 번만 뒤집는다.

6 블루베리는 굵게 다진다. 생크림(1컵)을 단단하게 휘핑하여 다진 블루베리를 섞어 토핑을 만든다.

7 식은 핫케이크에 ⑥의 블루베리 생크림을 바른 후 다시 핫케이크를 올리고 생크림을 바른다. 다시
핫케이크를 올린 뒤 생크림을 바르고 블루베리를 올린다.

+COOK 시금치핫케이크

시금치나 당근 등 채소를 섞어서 핫케이크를 만들면 채소를 잘 먹지
않는 아이들도 거부감 없이 잘 먹어요. 따뜻한 시금치핫케이크에 우유
한 잔이면 아침에 먹어도 든든하고 간식으로도 좋답니다.

재 료 ●시금치 5줄기, 당근 1/4개, 밀가루 2컵(180g), 베이킹파우더 1, 소금 약간,
달걀 2개, 설탕 1/2컵, 우유 1/2컵, 생크림 1/2컵

만 드 는 법 ● ❶ 밀가루에 베이킹파우더와 소금을 섞어 체에 내린다. 시금치는 데
친 후 1cm 정도 썰어 물기를 꼭 짜고 당근은 잘게 다진다. ❷ 달걀과 설탕을 섞어 부피가
2배 정도가 되도록 거품을 낸 후 체에 친 ①의 밀가루를 가볍게 섞는다. ❸ 우유와 생크
림, 시금치와 당근을 밀가루 반죽에 섞는다. ❹ 키친타월에 기름을 묻쳐 달군 팬에 고루
바른 후 불을 약하게 하고 반죽을 붓는다. ❺ 반죽 윗면에 공기 구멍이 나면서 익기 시작
하면 뒤집는다. 이때 여러 번 뒤집지 말고 한 번만 뒤집는다.

한 끼 식사로도 손색이 없는
메추리알토스트

식빵에 메추리알을 얹어
구운 토스트로 부드러운 메추리알의
맛이 일품이에요. 토마토와 같이
구우면 토마토의 신맛과
잘 어울리죠.

재 료 ● 식빵 2장, 방울토마토 2개, 메추리알 8개, 마요네즈 3

만 들 어 보 세 요

1 식빵은 껍질 부분을 잘라내고 4등분으로 자른다.

2 방울토마토는 작게 자른다.

3 식빵 가장자리에 마요네즈를 네모 모양으로 두른다.

4 ③의 가운데에 메추리알과 토마토를 올리고 170℃의 오븐에서 4분가량 굽는다.

T I P 아이가 어리면 식빵을 잘라 메추리알을 올려서 작게 만들고, 조금 큰아이가 먹을 것이라면 식빵에 마요네즈로 칸을
만든 후 달걀을 올려 굽는다. 마요네즈가 노릇하게 구워지고 달걀이 반쯤 익으면 적당하다.

1 3-1 3-2 4

홈베이킹

칼로리는 낮고 영양은 높은 이탈리아식
크림파인애플 새우피자

재 료 ● 반죽 밀가루(강력분) 100g, 드라이이스트 0.5, 소금 0.3, 설탕 0.5, 더운물 70㎖, 올리브유 1, 옥수수가루 3 **소스** 생크림 2, 다진 파인애플 1, 파르메산치즈 0.3, 설탕 0.3, 소금 약간 **토핑** 새우 12마리, 소금·후춧가루 약간씩, 파인애플 슬라이스(통조림) 1개, 모차렐라치즈 150g, 파르메산치즈 덩어리 40g

이탈리아식 피자랍니다. 토마토 소스 대신 생크림 소스를 바르고 토핑을 얹어 구워 칼로리는낮추고 영양은 높인 피자지요. 피자도우 만들기가 어렵다면 시판 토르티야를 대신 사용해도 좋아요.

만들어보세요

1 강력분을 체에 내린 다음 드라이 이스트, 설탕, 소금, 더운물을 넣고 반죽하다가 올리브유를 넣고 10분간 반죽한다.

2 비닐랩을 씌워 반죽을 따뜻한 곳에서 40분간 발효시킨다.

3 새우는 해동하여 달군 팬에 소금, 후춧가루로 간하여 볶는다.

4 파인애플 슬라이스는 물기를 빼고 12등분한다.

5 생크림에 다진 파인애플과 파르메산 치즈, 설탕, 소금을 합하여 피자 소스를 만든다.

6 바닥에 옥수수 가루를 뿌리고 ②의 피자 반죽을 손이나 밀대로 둥글게 민 후 옥수수 가루를 털어낸다. 반죽 위에 ⑤의 소스를 바르고 토핑으로 만든 새우와 자른 파인애플을 고루 놓고 모차렐라 치즈를 올린다.

7 250℃로 예열시킨 오븐에서 5~9분간 노릇하게 굽는다.

8 다 구웠으면 꺼낸 후 파르메산 치즈 덩어리를 가루 내어 뿌린다.

2

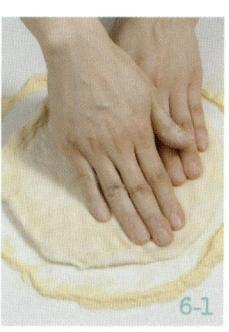
6-1

6-2

7

영양을 쏙쏙 넣어 만든
바게트샌드위치

홈 베이킹

재 료 ● 바게트(작은 것) 1개, 감자 2개, 달걀 2개, 오이 1개, 양파 1/4개, 베이컨 1줄, 마요네즈 1/3컵, 슬라이스 치즈 1장, 소금 약간 ★ 재료중 양파, 베이컨, 슬라이스 치즈는 생략 가능

만 들 어 보 세 요

1 감자는 큼직하게 4~8등분한다. 냄비에 감자를 담고 물을 잠기게 부은 뒤 뚜껑을 덮어 익힌 다음 소금간을 한다. 감자가 익었는데 물이 남아 있으면 불을 약하게 하고 뚜껑을 열어 감자를 저으면서 물을 날려 보낸다.

2 달걀은 삶아 굵게 으깨고, 오이는 동그랗게 썰어 20분가량 소금에 절인 후 물기를 꼭 짠다.

3 양파는 다진 후 소금에 절여 물기를 꼭 짜고, 베이컨은 잘게 잘라 구운 뒤 키친타월에 올려 기름을 뺀다. 치즈는 굵게 다진다.

4 모든 재료를 볼에 넣어 합한 후 마요네즈로 버무린다.

5 바게트 속을 파내고 ④의 감자샐러드를 채운다.

T I P 조금 더 색다른 맛을 원한다면 감자샐러드를 할 때 씨겨자를 1/2큰술 정도 넣어 버무린다. 바게트가 없으면 식빵으로 샌드위치를 만들어도 좋다.

가끔 아이들 학교에서 과자 파티를 하는 날이 있지요. 그런 날이면 아이가 먼저 과자 대신 바게트샌드위치를 해달라고 해요. 이걸 가지고 가면 아이들 사이에서 인기가 좋아진다나요. 간단하지만 아이들이 좋아한답니다.

홈
베이킹

칼슘과 단백질이 풍부하고 소화 흡수가 잘되는
치즈찜케이크

치즈찜케이크는 오븐 없이 간단히 찜통에 찌면 된답니다. 크림치즈는 빵 만들기 시간 정도 실온에 두어 부드럽게 해놓아야 다른 재료와 잘 섞이지요. 재료에 밀가루를 합한 후 가볍게 섞이도록 하는 것이 부드러운 찜케이크 만들기 비법이랍니다.

재 료 ● 밀가루 1컵, 베이킹파우더 0.3, 크림치즈 80g, 올리브유 2,
달걀 4개, 설탕 1/2컵

만 들 어 보 세 요

1 밀가루와 베이킹파우더를 체에 친다.

2 크림치즈를 실온에 두어 부드러워지면 올리브유를 넣어 고루 섞는다.

3 달걀에 설탕을 섞어 녹인 후 거품을 내고 ①을 섞는다.

4 ③에 ②의 크림치즈를 살짝만 섞은 후 틀에 부어 20분간 찐다.

4-1

4-2

홈
베이킹

버터 대신 올리브유로 건강까지 생각한
옥수수당근컵케이크

파운드케이크나 컵케이크에는
버터와 설탕이 엄청 많이 들어가지요.
버터 대신 건강한 올리브유와 다양한 채소를 넣어
컵케이크를 만들었어요. 달걀이나 버터를 휘핑하는
과정 없이 재료를 섞기만 하면 되니 참 쉽답니다.
오븐이 없다면 찜통에 쪄도 좋아요.

재 료 ● 옥수수알 1컵, 당근 1/2개, 애호박 1/3개, 올리브유 1/3컵, 달걀 1개, 설탕 1컵, 소금 0.1, 밀가루 (박력분) 2컵, 베이킹파우더 0.3, 베이킹소다 0.1, 계핏가루 0.2, 다진 호두 1/3컵(생략 가능)

★ 재료중 옥수수알, 당근, 애호박은 다른 채소류로 응용 가능

만 들 어 보 세 요
1 옥수수는 알만 떼어서 20분간 삶은 뒤 핸드믹서나 칼로 으깬다. 당근과 호박은 채 썬다.
2 올리브유에 달걀과 설탕, 소금을 섞은 후 ①을 섞어 반죽한다.
3 밀가루와 베이킹파우더, 베이킹소다, 계핏가루를 체에 쳐서 섞는다.
4 ②의 반죽에 ③의 가루와 다진 호두를 넣고 칼로 자르듯 서로 잘 섞는다. 케이크 틀에 유산지를 깔고 반죽을 붓는다.
5 160℃로 예열한 오븐에 ④의 케이크 틀을 넣고 40분가량 굽는다.

T I P 시판하는 옥수수 통조림은 유전자 변형 옥수수를 이용한 것이 많으므로 일반 옥수수를 삶아서 보관해두고 먹는 것이 좋다. 이때 부피가 커서 냉동실 한쪽을 옥수수가 차지하기 십상인데 여름 제철에 옥수수를 알만 따서 20분 정도 삶아 물기를 뺀 후 냉동하면 옥수수를 통째로 보관하는 것보다 훨씬 공간이 줄고 밥에 넣거나 음식할 때 사용하기도 편하다.

노화를 예방하는
검은콩우유&토마토주스

홈
베이킹

콩과 우유를 함께 먹으면
좋답니다. 우유의 알지닌이란 아미노산이
콩의 칼슘 흡수를 돕기 때문이죠. 검은콩을
우유와 함께 갈아서 꾸준히 먹으면 건강을
지키는 데 일등공신이 될 수 있어요.
아침에 검은콩우유 한 잔이면
하루가 든든하지요.

토마토는 익혀 먹는 것이
효과적인데요, 여기에 올리브유를
곁들이면 흡수력이 더욱 좋아지지요.
토마토를 생으로 갈아두면 쉽게 상할 수
있는데 끓여서 올리브유와 소금을
곁들이면 보관성도
좋아진답니다.

검은콩우유

재 료 ● 검은콩 2/3컵, 물 2컵, 우유 3컵, 바나나 1개(생략 가능), 소금 0.2, 꿀 2

만 들 어 보 세 요

1 검은콩은 씻은 후 잠길 만큼 물을 붓고 5시간 이상 불린다. 불린 콩을 건져 물 2컵을 붓고 20분간 삶는다.
2 믹서에 삶은 콩과 소금, 꿀, 바나나, 우유를 분량대로 넣고 입자가 보이지 않을 정도로 곱게 간다.

T I P 아이가 콩을 싫어할 경우 바나나를 넣고 같이 갈면 부드러운 맛을 살릴 수 있다. 바나나의 양이 늘어나면 단맛이 증가하므로 꿀은 빼도 무방하다. 여름철에는 얼음을 넣고 함께 갈아도 좋다.

토마토주스

재 료 ● 토마토 1kg, 올리브유 1, 소금 0.2

만 들 어 보 세 요

1 토마토는 십자로 칼집을 낸 후 끓는 물에 잠깐 담갔다가 껍질을 벗긴다.
2 냄비에 토마토를 넣고 부드러워지도록 10분 정도 끓인다.
3 끓인 토마토에 소금과 올리브유를 넣는다.
4 핸드믹서로 ③을 곱게 간다. 오래 두고 먹을 것은 다시 한번 끓인 후 냉장 보관해 마신다.

T I P 토마토는 신맛이 강해서 철이나 알루미늄 냄비보다는 유리 그릇에 끓이는 것이 좋다.

 홈
베이킹

몸에 좋은 검은콩이 듬뿍
검은콩파운드케이크

재료 ● 삶은 검은콩 1컵, 사과 1/3개, 무화과 10개, 올리브유 1/3컵, 달걀 1개, 설탕 1컵, 소금 0.1, 밀가루(박력분) 2컵, 베이킹파우더 0.3, 베이킹소다 0.1, 계핏가루 0.2
★ 재료중 사과와 무화과는 단호박, 양파 등으로 응용 가능

만들어보세요

1 검은콩은 충분히 불린 뒤 잠길 정도로 물을 붓고 10분간 삶은 다음 으깬다. 사과는 채 썰고, 무화과는 씻어서 6등분한다.

2 올리브유에 달걀과 설탕, 소금을 섞은 후 ①과 합해 반죽한다.

3 밀가루와 베이킹파우더, 베이킹소다, 계핏가루는 체에 쳐서 섞는다.

4 ②의 반죽에 ③의 가루를 넣고 칼로 자르듯 서로 잘 섞는다. 케이크 틀에 유산지를 깔고 반죽을 붓는다.

5 160℃로 예열한 오븐에 ④의 케이크 틀을 넣고 40분가량 굽는다.

TIP 콩을 삶을 때는 뚜껑을 덮고 불을 강하게 해놓은 상태에서 한 번 끓어 뚜껑이 들썩거리면 바로 불을 줄여 10분 정도만 삶는다. 너무 오래 삶으면 메주 냄새가 날 수 있고, 덜 삶으면 비린내가 난다.

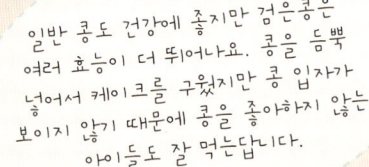

일반 콩도 건강에 좋지만 검은콩은 여러 효능이 더 뛰어나요. 콩을 듬뿍 넣어서 케이크를 구웠지만 콩 입자가 보이지 않기 때문에 콩을 좋아하지 않는 아이들도 잘 먹는답니다.

1

2

4-1

4-2

하루가 든든한
고구마라테

홈
베이킹

우유는 단백질과 지방은 있지만
탄수화물은 부족하지요. 고구마와 같이
먹으면 이 부족한 탄수화물이
보충되어 좋답니다. 우유가 고구마의
카로틴의 흡수도 좋으니
일석이조지요.

재 료 ● 찐 고구마 2개(200g), 우유 3컵, 꿀 적당량

만들어보세요

1 찐 고구마는 껍질을 벗겨 차게 냉장한다(고구마 대신 단호박으로 만들어도 좋다).

2 ①에 우유와 꿀을 섞어 곱게 간다. 자색 고구마는 단맛이 적으니 갈 때 꿀을 첨가하면 더 맛있게 먹
  을 수 있다.

T I P 고구마는 익혀 먹어도 영양 성분이 그대로 살아 있다. 고구마의
비타민 B와 C는 열에 강해 조리 후에도 70~80%가 남는 장점이 있다.
그러나 다이어트를 위해서는 생으로 먹으면 수분 함량이 높아 적은 양으
로도 포만감을 느낄 수 있다.
고구마는 들었을 때 묵직한 것이 맛도 좋고 영양가도 좋다. 고구마의 표
면이 깨끗하고 색이 선명한 것, 고구마는 끝 쪽부터 상하기 때문에 양끝
을 잘랐을 때 색깔이 변하지 않은 것을 고른다.

바나나, 딸기, 복숭아, 오디,
산딸기 등 단맛이 강한 과일들이 제철일
때 넉넉히 얼려두었다가 집에서
만드는 천연 아이스크림이랍니다.

첨가물 없는 초간단 천연 간식
바나나&딸기아이스크림

홈
베이킹

2-1

2-2

재 료 ● 바나나 2개(또는 딸기 200g), 집에서 만든 플레인요구르트 800g(또는 시판 플레인요구르트 3개), 꿀
장식 허브(레몬밤) 약간(생략 가능)

만 들 어 보 세 요
1 바나나는 껍질을 벗겨 비닐팩에 펴서 담은 후 얼린다.
2 딸기는 깨끗이 씻은 후 물기를 뺀 후 비닐팩에 담아 얼린다.
3 바나나와 딸기가 얼면 각각 요구르트와 꿀을 잘 섞은 후 분쇄기로 곱게 간다.
4 냉동고에 넣고 5시간 얼린 후 꺼내어 포크로 고루 저어 부드럽게 한 다음 다시 얼린다.
5 그릇에 둥그렇게 펴서 올리고 허브를 곁들인다.

T I P 바나나는 당질이 풍부해 열량 보급원으로 좋으며 체력을 유지하는 데 도움을 준다. 바나나의 단맛은 소화가 쉬운 과당과
포도당으로 환자나 어린이에게 좋다. 바나나에는 비타민 B_6가 풍부한데 이는 단백질 대사와 세포 성장에 관여하므로 면역 증강에
중요하며 지방의 대사에 도움이 되는 비타민이다. 섬유질이 풍부하므로 장 건강에도 도움이 된다.

이유있는 레시피로 만든
이유있는 도시락

도시락을 만들 때는 탄수화물:단백질:지방의 비율이 65: 15: 20로 맞추는 것이 좋다. 밥과 반찬으로 구성된 우리 식단은 가장 이 황금비율에 가장 근접하다. 집에서 먹는 음식도 중요하지만 우리 아이들 도시락에도 맛과 영양이 풍부한 음식들을 준비해 보자.

쫄깃하고 고소한
단호박팥찰밥

재 료 ● 쌀 1컵, 찹쌀 1/2컵, 팥 3, 단호박 1개, 밤 3개, 대추 5개

만들어보세요

1 찹쌀과 멥쌀은 씻어 30분가량 불리고 팥은 잠길 정도 물을 붓고 끓어 오르면 물을 버린 후 20분정도 삶는다.

2 밤은 껍질 벗겨 8등분으로 자르고 대추는 씨를 뺀 후 3등분한다

3 쌀과 팥, 밤을 섞어 찜기에 40분가량 찐다. 중간에 밤과 대추를 넣는다.

4 단호박의 위쪽 1/4 지점을 잘라 씨를 빼낸 뒤 ③을 담고 찜통에서 30분가량 찐다.

5 한김 식으면 4등분으로 자른다.

곁들이는 음식
오이와 당근 스틱,
브로콜리새우꼬치(123P),
코다리닭찜(234P),

309

5대 영양소를 골고루 담은
보슬밥

곁들이는 음식
토마토, 키위, 단감, 바나나를
한입크기로 썰어 담는다. 감이나 바나나
같이 변색이 잘 되는 과일은 레몬즙을
뿌린 후 담거나 설탕물에 담근 후 도시락을
싸면 색이 변하지 않는다.

재 료 ● 밥 1그릇, 멸치볶음 2, 오이나물 2, 김자반볶음 2, 달걀 1개, 소금 약간
밥 양념 참기름 0.3, 깨소금 0.5

만 들 어 보 세 요

1 밥은 따뜻할 때 밥양념을 넣어 고루 섞는다.

2 김자반 볶은 것을 준비한다(+COOK 참조).

3 달걀은 노른자와 흰자를 나누어 소금간한 다음 팬에 기름을 살짝 두른
   후 약한 불에서 각 각 지단을 부친 후 꽃모양으로 찍거나 오린다.

4 도시락에 밥을 2/3정도 고루 펴 담고 멸치조림(228P 참고), 오이나물
   (122P 참고), 김자반볶음(아래 +COOK 참고) 순으로 밥 위에 담는다.
   황백 지단을 올린다.

+COOK 김자반볶음

재 료 ● 자반용 김 자른 것 2컵, 들기름 1, 식용유 1, 설탕 1, 깨소금 1
만 드 는 법 ● ❶ 자반용 김은 먹기 좋은 크기로 작게 손으로 뜯는다. **❷** 달군 팬에
식용유와 들기름을 두르고 김을 넣어 바삭하게 볶은 후 설탕과 깨소금을 골고루
섞는다.

맛도 모양도 예쁜
하트샌드위치

재 료 ● 식빵 4장, 상추 2장, 슬라이스 치즈 2장, 방울 토마토 4개, 마요네즈 2, 씨겨자 0.1

만들어보세요

1. 식빵은 하트 모양으로 자른 후 기름 두르지 않은 팬에 살짝 굽는다.
2. 토마토는 동그랗게 자른다. 치즈도 빵 크기보다 약간 작게 자른다.
3. 상추는 씻어 물기를 없앤 후 빵 크기 정도로 손으로 자른다.
4. 마요네즈에 씨겨자를 넣어 잘 섞는다.
5. 식빵 안쪽에 마요네즈를 바른 후 치즈, 상추, 토마토를 고루 얹고 빵으로 덮는다.
6. 샌드위치 가운데 부분을 꼬치로 빠지지 않도록 고정한다.

곁들이는 음식
감자샐러드,
수박꼬치,
키위주스

색색이 영양 모아
각색주먹밥

재 료 ● 밥 2공기, 통깨 2, 푸른콩가루 2, 구운 김 1장, 북어보푸라기
가루 2 **밥 양념** 참기름 0.3, 깨소금 0.5, 소금 0.5

만 들 어 보 세 요

1 밥은 따뜻할 때 밥 양념을 넣어 고루 섞은 후 먹기 좋은 크기로 동그랗
  게 만든다.
2 김은 비닐봉투에 넣고 가루로 부순다.
3 북어포는 분쇄기에 돌리거나 강판에 갈아 부드럽게 보푸라기를 낸다.
4 둥근 그릇에 각각 깨와 콩가루, 북어보푸라기, 김을 담고 동그랗게 만
  든 밥을 둥글린다.
5 도시락에 작은 틀을 깔고 미니 주먹밥을 담는다.

곁들이는 음식
호두장과(148P),
브로콜리새우꼬치(123P)

사랑을 돌돌 말아
한입김밥

재 료 ● 밥 2공기, 김 5장, 각색 파프리카 1/4개, 당근 1/8개, 다진 우엉 조림 2(89P참고) **배합초** 식초 2, 설탕 2, 소금 0.5

만 들 어 보 세 요

1 분량의 배합초를 만들어 잘 섞은 후 따뜻한 밥에 고루 넣고 버무린다.
2 파프리카, 당근등의 속재료는 잘게 다진다.
3 배합초를 섞은 밥에 잘게 다진 파프리카, 당근, 조린 우엉을 합한 후 잘 섞는다.
4 김을 반으로 자른 후 김발을 깔고 김을 올리고 밥을 2/3분량 정도 올려 돌돌 만다.
5 김밥을 3등분하여 자른 후 도시락에 담는다.

+COOK 토마토샐러드

재 료 ●방울토마토 20개, 스트링 치즈 2개 **드레싱** 식초, 올리브유, 소금, 바질 약간
만 드 는 법 ● ❶ 방울 토마토는 끓는물에 바로 넣었다 건진 후 찬물에 행궈 껍질을 벗긴다. ❷ 스트링치즈는 방울토마토보다 작게 자른다. ❹ 분량의 드레싱을 만든다.
❺ 방울토마토와 치즈를 합하고 드레싱으로 버무린다.

곁들이는 음식
토마토샐러드,
오징어무말랭이(157P)

313

우리 아이 이유있는 요리 인덱스